JAMES CANTON

BIOGRAFIE EINER EICHE

James Canton

BIOGRAFIE EINER EICHE

Was alte Bäume uns lehren
(wenn wir nur langsam genug zuhören)

Aus dem Englischen
von Sofia Blind

DUMONT

Die englische Originalausgabe erschien 2020 unter dem Titel
»The Oak Papers« bei Canongate Books Ltd, Edinburgh.

Erste Auflage 2021

Übersetzung: Sofia Blind
Lektorat: Kerstin Thorwarth
Umschlaggestaltung: Lübbeke Naumann Thoben, Köln
Umschlagabbildungen: Eichenblüte: © akg-images / bilwissedition,
Eichenprachtkäfer: © The Book Worm / Alamy Stock Foto,
Gartenbaumläufer: © gameover / Alamy Stock Foto
Satz: Fagott, Ffm
Gesetzt aus der Garamond
Druck und Verarbeitung: CPI books GmbH, Leck
Gedruckt auf säurefreiem und chlorfrei gebleichtem Papier
Printed in Germany
ISBN 978-3-8321-8003-4

www.dumont-buchverlag.de

Für Eva, Molly und Joe

GAP Photos/Carole Drake – Garden: Marks Hall, Coggeshall, Essex; Owners: Marks Hall Estate Trust

Die Honywood-Eiche auf dem Landgut Marks Hall im Norden von Essex

INHALT

Anfänge

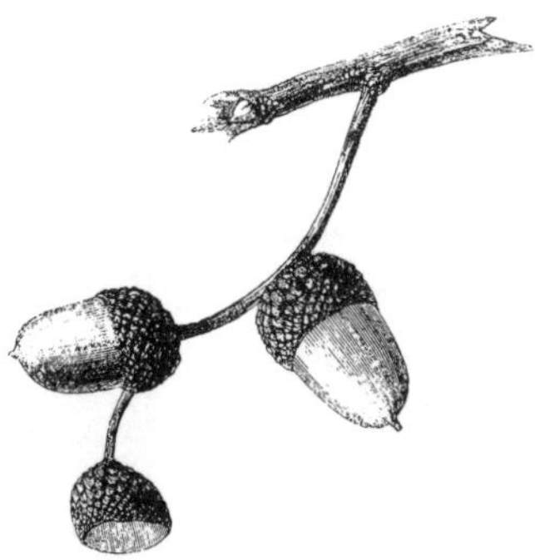

Vor ungefähr fünf Jahren suchte ich Trost vom Lauf der Welt, indem ich mich von einer alten Eiche umfangen ließ. Es handelt sich um einen verehrungswürdigen Baum, achthundert Jahre alt, der auf einem kleinen Landgut am Waldrand wächst, wenige Kilometer von meinem Wohnort entfernt. Aus diesem ersten Treffen erwuchs ein seltsames Gefühl der Nähe, das ich erst bewusst wahrnahm, als ich erkannte, welche Bedeutung Bäume, insbesondere Eichen, für unser Leben haben können. Anfangs ging ich einfach wegen des sanften Trostes hin, den das Sitzen neben diesem prachtvollen Baum lieferte. Ich konnte meine Arbeit als Dozent, mein Leben und meine Verantwortung hinter mir lassen und mich in eine Welt begeben, die etwas vom Garten Eden hatte. Ich konnte meine eigene Welt verlassen und in die der Eiche eintreten. Ich fühlte, wie sich Ruhe auf mich herabsenkte. Sobald ich dort war, wollte ich nur noch das Hin und Her der Vögel beobachten, der Bienen und der anderen Lebewesen, die das Ökosystem im Inneren und in der Umgebung dieser uralten Eiche bildeten. Ich fühlte, wie Frieden mich jedes Mal überflutete, wenn ich das Landgut betrat, auf dem die Eiche lebt. In den folgenden Monaten fing ich an, die Eiche zu besuchen, wie man eine Freundin besucht. Ich wurde mit ihr vertraut. Ich lernte ihre Eigentümlichkeiten kennen und die Geschöpfe, die in ihrem Reich lebten. Bei jedem Wetter und zu jeder Jahreszeit saß ich an der Eiche, zu jeder Tages- und Nachtstunde, bis ich diesen Baum kannte wie ein Familienmitglied.

Inzwischen sind Jahre vergangen, und im Rückblick kann ich erkennen, was mit mir geschah. Es gab noch einen weiteren Grund, warum ich die Umarmung jener Eiche suchte. Damals war die Beziehung zu meiner langjährigen Partnerin brüchig geworden und begann, sich aufzulösen. Jeder von uns lebte sein eigenes Leben. Und irgendwoher kam mir die Idee, Zeit an der Honywood-Eiche zu verbringen. Heute kann ich nicht mehr sagen, ob sie dem Wunsch entsprang, mein Zuhause zu meiden, oder dem Bedürfnis nach Einsamkeit. In Wahrheit dürfte beides eine Rolle gespielt haben.

—

Wo immer auf diesem Planeten Eichen wachsen, haben die Menschen eine Beziehung zu ihnen entwickelt. In der gesamten Menschheitsgeschichte wurden außergewöhnliche Eichen geschätzt – wegen ihrer Lage, ihres Alters, ihrer Größe. Eichenveteranen waren immer etwas Besonderes. Menschen versammeln sich unter ihren Kronen. Vielleicht treffen sie sich dort, weil es sich um bedeutende Orte in der Landschaft handelt, vielleicht auch einfach, um Schutz zu suchen. Wir Menschen sind Geschöpfe der Bewegung, Eichen statische Wesen. Sie verlagern ihren Standort nicht. Sie werden auf genau dem Fleckchen Erde geboren, auf dem sie auch sterben. Diese Standfestigkeit macht sie so reizvoll. Alte Eichen strahlen ein kraftvolles Gefühl von Langlebigkeit aus. Dieses Gefühl der Sicherheit, der Zugehörigkeit zu einem einzigen Ort über die Zeit hinweg bezaubert uns. Wir fühlen uns zu alten Eichen hingezogen. Unter einem prächtigen Eichenbaum stehen wir in dem Wissen, dass unsere fernen Vorfahren das Gleiche taten. Eichen bewahren die Erinnerungen früherer Generationen. Wenn wir über ihre Rinde streichen, können wir einen flüchtigen Hauch all derer spüren, die schon gegangen sind.

Menschen und Eichen leben seit uralten Zeiten als Nachbarn zusammen und tun das weiterhin. Wir brauchen die Stämme der Eichen nicht mehr, um unsere Häuser zu bauen oder unsere Feuer zu nähren, und wir brauchen keine Eicheln mehr, um uns während harter Jahre und magerer Ernten zu ernähren. Dennoch stützen wir uns auf einer anderen Ebene nach wie vor auf Eichen. Auf eine Art und Weise, die wir selbst nicht ganz verstehen, brauchen wir sie.

Teil 1

DIE EICHE SEHEN

Die Honywood-Eiche lebt auf dem Landgut Marks Hall Estate im Norden von Essex. Der Baum steht in einer eigenen runden Umzäunung: Eine niedrige Einfriedung aus Holz trennt die alte Eiche von den Kiefern ringsum. Die Eiche wächst hier seit achthundert Jahren oder länger. Ihr Stamm ist knorrig und gerippt, er hat einen Umfang von mehr als acht Metern. Ihr weit ausgebreitetes grünes Blätterdach streckt sich dreißig Meter hoch in den Frühlingshimmel. Der Baum war noch ein Schössling, als die *Magna Charta* unterzeichnet wurde und König Johann England regierte. Als Vierhundertjähriger schützte er mit seiner Krone die Soldaten im Englischen Bürgerkrieg. Damals war Sir Thomas Honywood der Besitzer von Marks Hall, ein Anführer der Parlamentsanhänger, der 1648 an der Belagerung der nahe gelegenen Stadt Colchester teilnahm; später wurde diese prachtvolle alte Eiche nach ihm benannt.

—

Einst gab es auf diesen Ländereien viele Eichen, Hunderte dicht aneinandergedrängter alter Bäume. Heute gibt es hier nur noch eine. Eine einzige, einsame Gestalt, die auf genau diesem Quadratmeter Erde vor achthundert Jahren geboren wurde und in einem Wimpernschlag der Zeit von einer Eichel zu einem mächtigen Baum heranwuchs. Eines Tages kam ich, um diese Eiche zu sehen, die vor so langer Zeit, so weit jenseits der Erinnerung jedes lebenden Menschen geboren wurde. Ich saß in ihrer Gegenwart und wusste: Hier herrscht Frieden.

Neben dem Kutschenhaus, wo ich bei jedem Besuch mein Auto parkte, gelangt man durch ein einfaches Holztor ins Herz des Landguts. In jenem Augenblick, in dem ich durch dieses Tor trat, geschah etwas wahrhaft Magisches, eine Form der Verwandlung, die es mir erlaubte, alle Sorgen abzuwerfen, die sich auf meinen Schultern angehäuft hatten. Jenseits des Tores erwartete mich eine andere Welt.

Gleich hinter dem Tor befindet sich ein Obstgarten, durch den ich immer zu dem Bach hinunterging, der sich durch das Landgut schlängelt. Ein gewundener Pfad führt zu einer Steinbrücke neben einem See. Jenseits davon steht die Honywood-Eiche. Das Ritual dieses kurzen Spaziergangs fühlte sich an wie der Weg zurück ins Paradies. Durch das Tor in den Obstgarten, hinunter zum See, über die Brücke, hinauf zur alten Eiche. Die Reise dauerte nur ein paar Augenblicke. Aber in dieser kurzen Zeit fiel jegliche Bürde von mir ab.

21. Juni

Ich werde von Jonathan Jukes begrüßt, einem ruhigen, bescheidenen Menschen. Seine Berufsbezeichnung lautet »Baumkonservator«. Wir gehen vom Kutschenhaus hinunter ins Tal und über die Steinbrücke. Ich schaue zur Eiche hinüber, während Jonathan mir die Geschichte der dreihundert anderen alten Eichen erzählt, die ebenfalls auf diesen Ländereien wuchsen und einst zu einem riesigen Wildpark gehörten. In den 1950er-Jahren wurde dieser Eichenbestand wegen seines wertvollen Holzes fast vollständig gefällt. Vier jüngere, etwa dreihundert Jahre alte Bäume neben dem Garten des Wildhüterhäuschens wurden verschont. Sie leben noch heute. Der verbrannte Rest eines weiteren alten Baumes, der »Schreiende Eiche« genannt wird, ist verkrüppelt und entstellt, konnte aber dennoch Leben in seinen Ästen bewahren. Nur eine der wahrhaft alten Eichen blieb verschont: die Honywood-Eiche. Sie ist die einzige intakte Überlebende.

Die Honywood-Eiche wächst an der Grenze eines Gebiets, das einst aus tausend Hektar uralten Waldes bestand. Warum ausgerechnet diesem Baum Axt und Säge erspart blieben, ist ein Rätsel. Der Mann, der am längsten darüber nachgedacht hat – Jonathan Jukes, der heutige Hüter dieses anmutig alternden Baumes –, glaubt, der Baum müsse für Thomas Phillips Price, den damaligen Eigentümer des Landguts, eine besondere Bedeutung gehabt haben.

»Es könnte gut sein, dass Phillips Price die Aussicht auf die prächtige Krone vom Fenster im Obergeschoss des Haupthauses aus gefiel«, vermutet Jonathan. »Ein Foto aus jener Zeit zeigt eine Bank, die an den Eichenstamm gelehnt ist.«

Er könnte es genossen haben, unter dem Schirm aus Eichenlaub zu sitzen, der sich in jedem Frühjahr entfaltete – einen kurzen Moment im kühlen Schatten des Baumes zu verbringen, geschützt vor der sommerlichen Sonnenhitze. Thomas Phillips Price starb 1932. Das Haupthaus verfiel und wurde 1950 abgerissen. Die Wahrheit ist: Kein lebender Mensch weiß, warum ausgerechnet dieser alte Baum als Einziger den Kahlschlag der dreihundert anderen alten Eichen überlebt hat, die viele Jahrhunderte lang glücklich und zufrieden in dieser abgelegenen Ecke Englands vor sich hin gelebt hatten.

Es ist ein klarer Sommertag mit blauem Himmel. Die Kiefern, zwischen denen wir stehen, wurden als Ersatz für die Eichen gepflanzt. In dieser kurzen Zeitspanne sind sie bis auf die Höhe der Honywood-Eiche emporgeschossen und dominieren jetzt die Landschaft. Wir wandern durchs Unterholz dieser jungen Kiefernplantage. Eine Horde Schweine war hier losgelassen worden, um das störrische Brombeergeflecht abzufressen, das sich im Laufe der Jahre entwickelt hatte. Die Schweine haben den Boden sauber gefegt wie ein Staubsauger. Inzwischen, anderthalb Jahre nach dieser Grundreinigung, ist neues Leben entstanden. Prächtiger rosaroter Fingerhut ragt aus dem Boden; jahrelang schlummernde Samen sind jetzt ausgekeimt.

Jonathan erzählt von den 1950ern, als Trupps von Holzfällern im

Wald auftauchten. Eine ortsansässige Firma namens Mann's führte die Arbeiten durch, die Wochen oder gar Monate gedauert haben müssen. Ich versuche, mir die Szenerie vorzustellen. Das Hacken und Sägen mit langstieligen Äxten und gespannten Zweimannsägen, die sich hin und her in das tiefe Fleisch der Bäume weben – und damit ins Herz der Wälder.

In seiner *Anatomie der Melancholie* von 1621 verwendete Robert Burton die fast sprichwörtliche Zeile »eine alte Eiche wird nicht auf einen Streich gefällt«.[1] Ein paar Jahrhunderte später beschreibt Thomas Hardys Gedicht »*Throwing a Tree*« das Fällen eines Baumes durch »zwei Henker«, die »zwei Äxte tragen, mit schweren Köpfen, glänzend und breit, / Und eine lange, schlaffe Zweihandsäge, gezähnt zum Schneiden«. Die letzte Zeile von Hardys Gedicht lautet:

»Und zweihundert Jahre währendes Wachstum endet in weniger als zwei Stunden.«[2]

Und wie lange dauerte es, eine achthundertjährige Eiche zu fällen?

»Neulich habe ich bei einer Beerdigung jemanden getroffen, der damals dabei war«, erzählt Jonathan, »der mitgeholfen hat, die uralten Bäume abzuholzen. Es könnte gut sein, dass es in den Dörfern hier noch andere gibt, die sich vor sechzig Jahren als junge Männer ein paar Schillinge verdienten, indem sie Bäume in Holz verwandelten.«

Wenn ja, werden sie jetzt alte Männer sein.

Ronald Blythe erzählte mir vor nicht allzu langer Zeit, dass die Landbevölkerung alte Eichen genau deshalb liebe, weil sie eine physische Möglichkeit bieten, mit den eigenen Vorfahren Zwiesprache zu halten und ihrer zu gedenken. Oft stehen sie im Zentrum des Dorflebens, entweder auf dem Dorfanger oder neben den ausgetretenen Pfaden, die sich an Hecken und Feldern entlangwinden. Diese Bäume dienen als Leitungen; sie verbinden uns mit denjenigen, die vor uns gegangen sind. Geliebte Eltern, Tanten, Onkel, Großeltern früherer Generationen haben die zerfurchte Baumrinde an ebender Stelle berührt, an der jetzt lebendige Hände über die gleiche raue Haut streichen.

In dem einfachen Akt des Berührens einer alten Eiche liegt ein Gefühl der körperlichen Verbundenheit und damit der kraftvollen Erinnerung.

»Man hat ihnen unrecht getan«, sagt Jonathan, während wir durch die flimmernden Schatten gehen.

Er spricht über die Eichen, die hier gefällt wurden, davon, dass man ihnen das Leben genommen habe. Wir sind wieder an der Honywood-Eiche angekommen. Der Baum hat ein hohes Alter erreicht. »Er wächst wieder nach unten«, sagt Jonathan. Wie die letzten überlebenden Holzfäller, die vor sechzig Jahren in diesen Wäldern ihre Äxte schwangen, richtet sich die Eiche auf einen friedlichen Lebensabend ein.

»Sie waren nicht alle so alt wie die Honywood-Eiche, oder?«, frage ich.

»Nein«, antwortet Jonathan. »Ich glaube nicht. Aber es gab einige von beachtlichem Alter, und mit Sicherheit waren ein paar Bäume größer.«

»Also noch älter als die Honywood-Eiche?«, frage ich.

»Ich denke schon«, sagt Jonathan.

Er erzählt, es gebe ein Verzeichnis aller bedeutenden Eichen, die einst auf diesen Ländereien gewachsen seien; es werde im Archiv von Marks Hall aufbewahrt. Nachdem Thomas Phillips Price das Gut 1897 kaufte, ließ er seinen Grundstücksverwalter alle größeren Eichen vermessen; ihre Höhe und ihr Umfang sind in Kladden verzeichnet, die heute noch besichtigt werden können.

»Dort bekommst du eine Vorstellung von der Größe und Gestalt der Eichen, die damals im Wildpark standen.«

Ich schaue mich um, sehe die hohen Gestelle der Kiefern ringsum. Ich versuche, uralte Eichen zu sehen. Es ist schwierig – schwierig, sich das Ausmaß des Verlusts vorzustellen.

»Sie hätten nie gefällt werden dürfen«, stellt Jonathan fest. »In Thomas Phillips Price' Testament steht: ›Die Eichen dürfen niemals geschlagen werden.‹«

Aber es geschah dennoch.

Vor hundert Jahren trugen die alten Eichen von Marks Hall keine individuellen Namen; sie wurden kollektiv »die Honywood-Eichen« genannt. Irgendwann, nachdem diese Honywood-Eichen im Wildpark in den 1950ern ausgemerzt worden waren, wechselte der Name in den Singular.

Angesichts dieses Verlusts überkommt mich ein Gefühl echter Trauer.

Alte Eichen haben immer unsere Zuneigung geweckt, oft aber auch unsere Ehrfurcht. Francis Kilvert, der 1876 über den alten Eichenbestand von Moccas Park in Herefordshire schrieb, kannte diese gegensätzlichen Gefühle:

> Ich fürchte diese grauen alten Männer von Moccas, diese grauen, knorrigen, finstergesichtigen, x-beinigen, gebeugten, krummen, riesigen, seltsamen, langarmigen, unförmigen, buckligen, missgestalteten Eichenmänner, die Jahrhundert um Jahrhundert dastehen und warten und wachen … Keines Menschen Hand setzte diese Eichen. Sie sind »starke Bäume, die der HERR gepflanzt hat«.[3]

Die Bäume werden zu »Eichenmännern«, seltsamen und angsteinflößenden Gestalten. Vielleicht liegt in einer solchen Verwandlung ihre Rettung. Göttlich sind sie auch noch. Niemand möchte heilige, von Gottes eigener Hand gesäte Wesen absägen und töten.

Mit jedem einzelnen alten Baum, der verloren geht, geht eine ganze Waldgemeinschaft unter. Jede ausgewachsene Eiche ist die Heimat einer komplexen, vielköpfigen Schar von Fledermäusen, Insekten, Vögeln, Pilzen und Pflanzen. Jonathan erklärt, eine alte Eiche funktioniere »wie ein Hochhaus«. William Cowper sah die Eiche in seinem Gedicht »*Yardley Oak*« von 1809 als »Eulenkluft«, als Wohnstätte dieser nachtaktiven Vögel.[4] Aber nicht nur Eulen finden dort eine Heimat. Von Baumläufern bis zu Hornissen beherbergen alte Eichen eine so breite Artenvielfalt wie kein anderer Baum.[5]

Ich stehe im Wald und versuche angestrengt, mir die riesige verlorene Wildtierpopulation vorzustellen, die es hier gäbe, wenn jene Hundertschaften uralter Eichen immer noch auf diesem Stück Land stünden. Sie sind die Geisterwelt, die dieses Waldgebiet heimsucht.

3. Juli

In sanftem Sommerregen treffe ich mich mit Jonathan. Wir steigen über den niedrigen Schutzzaun und sprechen über das Leben der Eiche. Jonathan erzählt, in letzter Zeit sei viel über den plötzlichen Eichentod (*Phytophthora ramorum*) geschrieben und gesprochen worden. Er sorgt sich um die Gesundheit der Honywood-Eiche. Andere Bäume auf dem Gut haben schon schwarz blutende Flecken entwickelt – Geschwüre, die typische Symptome der Krankheit sind. Ein älterer Baum in der Nähe des Eingangs liegt bereits in den letzten Zügen. Andere, jüngere Eichen haben die Infektion überstanden und sich allmählich erholt. Niemand weiß, wie die Krankheit sich in den nächsten Jahren verbreiten wird. Wenn die Honywood-Eiche sich ansteckt, könnte sie ernste Probleme bekommen.

»In ein paar Jahren ist sie vielleicht tot«, sagt Jonathan.

Wir unterhalten uns noch für ein paar Minuten im Schutz der Eiche. Als Jonathan aufbricht, sehe ich seinen Wagen nach Westen durch die Kiefern entschwinden.

Ich stehe und schaue. Zum ersten Mal bin ich alleine hier neben dem Baum. Eine Zeit lang tue ich weiter nichts. Ich bin wie erstarrt. Dann streckt sich meine rechte Hand aus, bis ich die Eiche berühre. Ich streiche mit den Fingerspitzen, den Handflächen über die raue Rinde. Etwas geschieht. Ich fühle eine Leichtigkeit, die ich seit Ewigkeiten nicht in mir gespürt habe. Mein Herz schlägt langsamer. Mein Geist kommt zur Ruhe. Ich sehe mich um, ob jemand in der Nähe ist. Seltsamerweise fühlt es sich plötzlich wie ein Akt des Eindringens an, wie das unbefugte Betreten einer Tabuzone, in diesem holzumzäunten Rondell an der Eiche zu stehen. Ich bin mir der Gegenwart der Eiche neben mir zutiefst bewusst, aber auch besorgt, jemand könnte hinter der Wegbiegung zwischen den Kiefern auftauchen. Niemand kommt. Zögernd schließe ich die Augen.

Die Zeit vergeht.

Ruhe umfließt mich, als hätte jemand eine Decke um meine Schultern gebreitet.

Ein heiliger Frieden senkt sich herab.

Als ich die Augen wieder öffne, liegt in meinem Blickfeld nur die Eiche, die graue Rinde zerfurcht und ruhig, ganz ruhig. Ich fühle mich wie verzaubert. Ich blinzele, und jetzt wirkt die Eiche wie ein gewaltiges, entspanntes Mammut, das mit einschüchternder, riesenhafter Grazie vor mir steht. Auf der Rinde wölben sich Falten wie Elefantenhaut, und der dicke, nach Norden weisende Aststumpf wirkt wie ein Baumstamm, dessen riesige Äste fest im Boden verwurzelt sind.

Ein Hase taucht auf dem Weg am See auf, eines der letztjährigen Jungtiere. Er besteht nur aus Ohren; mager und zappelig, trabt er den Hang zu mir herauf, verschwindet aber zwischen den langen Gräsern und Farnen, mit denen die sanften Hänge des Bachtals bewachsen sind. Es ist ein Schnitt quer durch die Zeit, der bloßgelegt wird, ein Augenblick, in dem der normale Lauf des Lebens stillsteht, in dem stattdessen ein anderes Seinsgefühl meine Anwesenheit in der Welt zu erfassen und alles in Besitz zu nehmen scheint.

Buddhisten nennen solche flüchtigen Momente *satori* – wenn die Fassade unserer normalen Existenz zusammenbricht und wir das sehen, was dahinterliegt, die Möglichkeit der Erleuchtung spüren. Wir leben jeden Tag in dem – trügerischen – Gefühl, unsere alltägliche Reise durchs Leben unter Kontrolle zu haben und unseren geregelten Weg auf der Welt zu kennen. Dann, in solchen Momenten des Staunens, können wir nur stehen und schauen. Wir sehen das Alltägliche nicht mehr. Wir fühlen nur die eigene Präsenz, schwerelos wie Luft, unsere federleichte Existenz auf dieser Erde, flüchtig und fragil wie ein Samenschirmchen im Wind.

10. Juli

Der Frieden, die stille Präsenz der Eiche, zieht mich zu ihr zurück. Eine blassblaue Libelle segelt an der Bank vorbei. Ein ruhiger Sommertag. Ich schaue unverwandt den Baum an und stelle mir die Eiche als riesigen Kompass vor, an dem jeder gekappte Ast wie ein Zeiger die Position von Himmelskörpern am nächtlichen Firmament in wichtigen Momenten des Jahres anzeigt: den Sonnenaufgang am Mittsommertag; einen Venustransit; den hellen Punkt des Perseiden-Meteorstroms.

Ein Ast, der als Wegweiser zum Polarstern dient, wurde schon vor vielen Jahren gekappt, abgesägt. Ein Kreis aus Schwärze ist in die runde Abschlussfläche des hellen Holzes gefräst. Es ist eine Spechthöhle, und eine einzige Unterfeder klebt am Eingangsloch. Ein Regenschauer prasselt herab. Sonnenstrahlen zwängen sich durch die Wolken und treffen auf die Kiefern; sie lassen ihre Rinde leuchten und die Eichenblätter ergrünen, erhellen die Rindenbrocken und das freiliegende Kambium in verschatteten, gesprenkelten Hell-Dunkel-Mustern. Auf der Südseite der Eiche erweist sich das, was in fünf Metern Höhe zunächst wie ein Mückenschwarm aussah, als Bienennest. Mit dem Fernglas kann ich die Sechseckstruktur der Waben ausmachen und denke sofort an ihren engen Verwandten, das Fünf-Punkt-Rhombenmuster, jenes Urbild intelligenter Gestaltung, das Thomas Browne in seinem Buch *The Garden of Cyrus* (1658) als Beweis für die Existenz Gottes präsentierte.

17. Juli

Ein schwüler Sommertag. Ich bin absolut entzückt, hier zu sein, auf der Bank neben der Eiche zu sitzen. Alles andere auf der Welt ist irrelevant. Es gibt nur das Hier und Jetzt. Mein Herz macht einen kleinen Hüpfer, als ich mich auf dem glatten Holz niederlasse. Ich schließe die Augen. Alles ist richtig. Alles ist gut.

Ich schaue auf und sehe, dass eine Brombeere aus einem Vorsprung an der Eiche sprießt, fünf Meter über der Erde. Auf der Bank werde ich von einer Fliege mit roten Augen, die eindeutig teuflisch aussieht, belästigt, gepiesackt und im Sturzflug attackiert. Schließlich lässt sie sich nieder und gestattet mir eine nähere Inspektion. Ich habe keine Ahnung, worum es sich handelt, habe aber Bestimmungsbücher dabei. Könnte es eine Luchsfliegenart sein? Vielleicht sogar *Pandivirilia melaleuca*, eine für ihr aggressives Temperament bekannte Fliege? Sie lebt tief im Inneren der Eiche im vermodernden Kernholz des alten Baumes – der Braunfäule. Das Einzige, was ich sicher weiß, ist: Diese Fliege ruht sich gerade auf der Armlehne der Bank aus, mit riesigen roten, aus dem Kopf ragenden Kugeln als Augen, die in meinen vollkommen fremdartig aussehen.

Waldbrettspiele, eine Schmetterlingsart, taumeln durch die Wiesengräser wie Ascheflocken aus einem Scheiterhaufen. Die Luft ist sanft melodisch. Dies ist der erste sonnige Tag seit Wochen, und alle sind draußen, um die Hitze zu genießen, das Licht. Im Süden herrscht aufgeregt brummendes Kommen und Gehen am Nest der Wildbienen. Ich schreite den Kreis um den Baum ab. Mücken tanzen in den feuchten Hohlräumen zwischen den Wurzeln, wo die Sonne nicht hinkommt. Neben dem hellen Aststumpf, der nach Norden weist, kurvt eine Hornisse aus der Baumkrone, scharf und riesig vor dem azurblauen Himmel, und verschwindet dann in einer perfekten Parabel zurück in den Baum. Auf der Bank liegt ein Stapel von Büchern über Eichen. Ich habe eine kleine Bibliothek mitgebracht, betrachte aber stattdessen das Leben, das um die Eiche fliegt, huscht und summt. Nachdem das Wetter eine Ewigkeit lang jahreszeituntypisch feucht war, erwärmt sich die Welt.

—

Seit dem Ende des Tertiärs vor ungefähr 2,6 Millionen Jahren gibt es Eichen auf der Erde. In Großbritannien wachsen sie seit mehr als einer Million Jahren. Während die Gletscher von Norden her vordrangen, verschob sich die Eichengrenze nach Süden; dann wurde das Land allmählich wieder wärmer, die Eisdecke schmolz, und die Eichen kamen zurück. Ihre letzte Rückkehr fand vor ungefähr zehntausend Jahren statt, zu einer Zeit, als die britische Ostküste noch mit dem europäischen Festland verbunden war. Während das Klima sich veränderte und die Temperaturen stiegen, verbreiteten sich die Eichen über Großbritannien und besiedelten die eisfreien Gebiete. Auch die Tiere kamen, gefolgt von den Menschen.

Die Geschichte des menschlichen Lebens ist auf der ganzen Nordhalbkugel eng mit Eichen verbunden. Feuersteinäxte wurden hergestellt, um Eichen zu fällen und zu spalten; außerdem schnitt man Kiefern und Haselsträucher in den prähistorischen Wäldern. Diese nacheiszeitlichen Urwälder, die in Großbritannien *wildwoods*, »wilde Wälder«, genannt werden, hatten nach dem Rückzug der letzten Gletscher das Land besiedelt und schließlich komplett erobert. Die zähen Gestalten damals speisten mit dem Urwaldholz jene Feuer, die den Winter von ihren Heimen fernhielten. Die Brandrodung und Abholzung von Kiefernwäldern diente auch dazu, Raum für neue Eichen zu schaffen. Vor etwa fünf- bis sechstausend Jahren stellten sich die Menschen von einer nomadischen, von den Jahreszeiten bestimmten Lebensweise auf Nutztierhaltung und Ackerbau um. Mit der Landwirtschaft begann die systematische Zerstörung der Urwälder, um das Land in die ersten Getreidefelder und Weiden für primitive Nutztiere umzuwandeln.

Eichen waren etwas Besonderes. Sie lieferten Feuerholz, aber ihre Stämme konnten auch als Stützen für die Häuser dienen, die aus dem frisch gerodeten Boden wuchsen. Und sie lieferten mehr als nur Holz. Sie produzierten Eicheln, die sich leicht aufsammeln, lagern und später verzehren ließen, sodass Menschen wie Tiere sie in Notzeiten essen und Hungersnöte abwenden konnten. Prähistorische Funde aus ganz Europa zeigen, dass diese ersten Bauern Eichelmehl als Ersatz nutzten, wenn die Getreideernte ausfiel. In einer bronzezeitlichen Siedlung in der Nähe von Berlin war ein metertiefes Erdlager bis zum Rand mit Eicheln gefüllt, die »geschält, halbiert und geröstet« waren, also für den menschlichen Verzehr gedacht, nicht als Schweinefutter.[6] In der gesamten Menschheitsgeschichte wurde Eichelmehl zum Backen von Brot verwendet. In verschiedenen Kulturen der Welt wird das bis heute praktiziert.[7]

Diese frühen Bauern ließen sich in der Landschaft nieder und errichteten Monumente aus Stein und Holz. Ringe aus Eichenpfosten erhoben sich als klar umgrenzte heilige Bezirke aus der Erde. Tierhäute wurden mit Tannin aus Eichenrinde und -galle behandelt, um das Leder weicher zu machen. Eichenplanken wurden gespalten und zu Stegen ausgelegt, die sich kilometerweit durch Sümpfe und Feuchtgebiete zogen. Die ersten Boote der Steinzeit waren Einbäume, ausgehöhlte Kanus aus Eichenstämmen; in der frühen Bronzezeit fertigte man Boote aus Eichenbrettern, die mit gebogenen Eibenruten zusammengenäht und mit Bienenwachs abgedichtet wurden.

Holzkohle aus Eiche machte es den Menschen möglich, sich über das Steinzeitleben hinaus zu entwickeln; Kohle, von Köhlern in den Eichenwäldern hergestellt, heizte die frühen Schmelzöfen auf solche Temperaturen auf, dass ihre Flammen Kupfer, Gold und Zinn aus mineralhaltigen Erzgesteinen herausschmelzen konnten. Nach der Herstellung von Bronze ermöglichten andere mit Eichenkohle befeuerte Schmelzöfen es den Grob- und Waffenschmieden, auf magische Weise Eisen und zuletzt Stahl zu produzieren.

31. August

Der Chor der Abenddämmerung.

Zwitschernde Mehlschwalben huschen in abgehacktem Flug umher. Durch die Kiefern hallt das unaufhörliche *Zizibää*, *Zizibää* der

Kohlmeisen. Die Mücken sind da. Der Tag ist fast vorbei; nur letzte Lichtschlieren sind noch zu sehen. Im Osten erhebt sich ein Vollmond, das Antlitz rosig von den Farben des Sonnenuntergangs. Die nachtschwarzen Fetzen, die hin und her schießen, sind Fledermäuse. Sie fädeln sich durch die dichter werdende Luft um den Baum. Ein Zaunkönig piept ein *Tick-tick-tick*-Stakkato irgendwo in der dunkler werdenden Blättermasse mitten in der Eiche und klackert fort in den Schutz der Kiefern, während im schwindenden Licht unten in den Brombeeren ein weißer Federgeistchen-Falter immer strahlender hervortritt.

Die Ruhe, die sich über die Eiche legt, ist die des Tagesabschlusses – ein sanfter Seufzer, den das scharfe Bellen eines Muntjakhirschs von hinten aus dem Wald durchbricht. Der Mond, so weit und weiß, verschwindet bald hinter Wolken. Ich lehne mich auf der Bank zurück, kuschele mich ein gegen die Dunkelheit. Eine Zwergfledermaus gerät in den Lichtstrahl der Taschenlampe und wird einen Moment lang eingefangen, mit weit gespreizten Flügeln. Ich denke an den Sommer vor zwei Jahren, als ich frühmorgens durch einen anderen Wald – den Tiger Wood in Suffolk – ging und für eine Fledermausstudie mithilfe eines Spezialdetektors auf das Echolot-Klicken der Tiere horchte. Die Maschine berichtete, dass es sich bei den Schattenflecken, die über mir lavierten, um Mückenfledermäuse handle, die sich durch die höhere Frequenz ihrer Rufe von ihren Cousinen, den Zwergfledermäusen, unterscheiden. Außerdem lernte ich in jener Nacht, dass diese beiden *Pipistrellus*-Arten erst seit ungefähr zehn Jahren wissenschaftlich unterschieden werden. Heute Abend sind die Fledermäuse, die durch die Nacht zischen, für mich ununterscheidbar. Wir wissen immer noch so wenig.

In den Wäldern hinter mir durchbricht der erste Schrei eines Waldkauzes die Nachtluft, zwei-, dreihundert Meter weit weg. Ich sitze angespannt da und harre des nächtlichen Lebens in der Eiche, als der Vollmond durch Risse in der Wolkendecke wieder auftaucht – wie kurze Blicke durch ein Fenster auf eine andere, ferne, jenseitige Welt. Ich stehe auf den Brettern der Bank und lausche dem Grillenorchester, das sich in den Brombeeren und Brennnesseln warm spielt. Eine weitere Zwergfledermaus flitzt vorbei. Die Dunkelheit liegt jetzt über mir. Ich sehe wenig bis nichts. Es fühlt sich köstlich lebendig an, hier zu sein, gehalten von diesem schwarzen Nebel.

Jetzt ist das Gehör der wichtigste Sinn. Das rollende Rauschen des fernen Wasserfalls ist stets präsent. Die Grillen stimmen sich ein. Und in der Geräuschlandschaft klaffen immer größere Lücken, weil die Fasane in ihre Baumbetten hinaufgeflattert und verstummt sind. Der Gesang der Tagvögel ist vorüber. Die Dämmerung auch. Jetzt ist es wirklich Nacht.

Die Sekunden verstreichen. Ein Lebewesen schleicht direkt neben mir über den Pfad, und die Dunkelheit ist so vollkommen, dass ich nicht sagen kann, ob es ein Fuchs, ein Hermelin, ein Hirsch oder ein Dachs ist. Bevor ich eine Lampe in seine Richtung drehen kann, ist es weg. Ein weiteres Käuzchen fängt in den Bäumen im Norden an zu rufen. Ich steige hinunter, stehe zwischen den Stämmen, den Ästen der Bäume und weiß, dass ich hier im nächtlichen Wald in ein vergessenes und fremdartiges Land vorgedrungen bin – eines, in dem tief verwurzelte, instinktive Sinne erwachen, in dem die Furcht vor dem Unsichtbaren plötzlich emporschießen und uns packen kann. Der Wald im Dunkeln ist kein Ort für unser modernes menschliches Fühlen und Denken. Selbst in der Urzeit verließen wir die Wälder und hielten uns von ihnen fern. Wir rodeten das Land in unserer Umgebung, um auf den so geschaffenen Flächen zu leben. Wir erbauten unsere Häuser aus den Stämmen der Bäume, die wir fällten. Wieder allein im Dunkeln in die Wälder zu gehen, heißt, in andere Gefilde zurückzukehren, in ein vollkommen anderes Zeitalter. Ich hatte erwartet, dass die Dämmerung herabsinken und die Kreaturen der Nacht unter dem großen Schutzschild der Äste hervorkriechen würden. Stattdessen herrscht eine unirdische Stille – eine tiefe, unveränderliche Lautlosigkeit, die sich anfühlt wie das unhörbare, langsame und stetige Atmen der Erde. Und es entzückt mein ganzes Wesen, hier zu sein. Ich bin so lebendig. Ich brenne vor Elektrizität. Ich sprudle vor bewegungsloser Energie wie ein Jäger, der mitten in der Hatz aufgehalten wird.

Die Mücken fangen sich im Lichtkegel wie tanzende Staubkörnchen. Ein weiteres Lebewesen tanzt mit dunklem Körper aus dem hohen Gras über den Weg. Ich spähe hinüber. Obwohl die Sicht trüb und grau ist, spüre ich, dass es ein Fuchs ist. Ein Kiefernzapfen fällt herab. Ich höre, wie er in zehn Metern Höhe abbricht, es folgt eine kurze Pause, und dann höre ich seinen Aufprall auf der Erde, einen guten Meter entfernt.

Ich trinke lauwarmen Tee aus einer Thermoskanne, mampfe altbackene Kekse und merke, dass auch ich eine lärmende Präsenz bin; ich durchbreche die stille Wacht der Nacht genau wie die Mücken und die Grillen, vergänglich wie alle anderen hier außer der großen Eiche. Im Süden ruft ein Waldkauz. Der Wasserfall stürzt in den Bach. Es ist schwer, von dieser Bank aufzustehen, an der so wenig und so viel geschieht. Ich wende mich wieder der starren, stillen Eiche zu. Bald werde ich sie der dunklen Nacht überlassen müssen, denke ich. Dann hallt ein Schuss im Norden; er durchschlägt die Stille mit plötzlicher, lähmender Gewalt. Die Explosion aus Lärm ist furchtbar, mit tödlichem Nachhall, und erstirbt nur langsam, wie Wellen auf der Oberfläche eines Tümpels. Endlich klingt die Spannung der nachfolgenden Stille zu der tonlosen Ruhe ab, die vorher herrschte.

Während ich die Eiche in weit ausholenden Kreisen umschreite, knipse ich meine schwere Taschenlampe an und suche nach Spuren von Leben. Der Lichtkegel schneidet einen Tunnel aus brutaler, scharfer Helligkeit ins Dunkel. Er ist wie ein Suchscheinwerfer in einem Meer aus Nacht, eine Alabasterfackel, die einen Kreis aus klarem Licht wirft. Ich hatte erwartet, Schutz suchende Vögel, erwachende Eulen zu finden. Stattdessen starre ich auf Nacktschnecken – eine olivgrün gesprenkelte Kolonie riesiger gelber Nacktschnecken, die an der Westseite der Eiche über den Wurzelstock kriechen. Sie haben etwas Außerirdisches an sich, was mit dem plötzlichen Auftauchen des Mondes aus einem Wolkenband zu tun haben könnte; er wirkt jetzt größer als zuvor, während er im Osten emporsteigt und den Sonnenaufgang viele Stunden zuvor imitiert. Und jetzt ist der Mond mit glühenden Kohlen besetzt und trägt ein Muster aus drei einzelnen Wolkenstreifen, verwandelt von einer blassen Schattenerde, die neben unserer dahintreibt, in einen zweiten Jupiter, der riesig und nah am Nachthimmel brennt. Und während ich neben der Eiche stehen bleibe und mich mit einer Hand an ihr abstütze, um nicht zu schwanken, frage ich mich, ob ich vielleicht auf irgendeinem unbekannten Wege auf die Zukunft unseres eigenen Planeten Erde hinausblicke, während dessen letzte Reste verglühen und seine Zerstörung endlich vollendet ist.

18. September

> Ein Wald ist in allen Mythologien ein geheiligter Ort, wie die Eichen bei den Druiden und der Hain der Egeria […].
>
> Henry David Thoreau, *Tagebuch*, 23. Dezember 1841[8]

Als ich nach einer Pause von ungefähr drei Wochen zur Eiche zurückkehre, steht sie im Sonnenschein unter blauem Himmel. Der Spätnachmittag hat die Wärme eines Altweibersommers. Ich kann das Entzücken, das in mir emporwallt, nicht zurückhalten. Einfach hier zu sein – wieder an der Eiche –, ist pure Ekstase. Ich eile den Pfad neben den Gänsen entlang. Ein Gärtner mäht die Kanten um die niedrige Umfassung der Eiche, sodass die Luft vom Duft frisch geschnittenen Grases erfüllt ist, während ich die Brücke über den dunklen See überquere. Ich hebe eine Hand zum Gruß. Er auch. Wir teilen die gleiche Freude.

Die Honywood-Eiche sieht prächtig aus. Absolut strahlend, voll ergrünt – eine Laube, deren Blattspitzen Leben versprühen, deren Äste sich ausstrecken, um alles in ihrer Umarmung zu umfangen. Auf der Westseite ist der Schwefelporling weiter gewachsen; verformt vom Alter und mit einer Farbe, die etwas an leuchtend frischer Lebendigkeit eingebüßt hat – sanft marmorierte Sahne mit einem Hauch Schwefel –, hat er nun eine Aura der Beständigkeit, sicher geborgen in einem Rindenspalt etwa zweieinhalb Meter über dem Boden. Im Schatten der Eiche innerhalb der »Tropfkante«, dem Außenrand der überhängenden Krone, steht man wie im schützenden Halt des Baumes. Ich dringe in diesen Bereich vor, bis ich neben dem Stamm stehe. Kindliche Freude überwältigt mich. Ich fühle mich, als wäre ich dem Ichsein entronnen, als ließe der Zauber der Eiche meine Gefühle auflodern. Alle Sorgen und Nöte fallen von mir ab, wenn ich hier neben der Eiche stehe. Ich bin zufrieden und glücklich, wieder am Leben zu sein. Ich bin mein früheres Kinder-Ich geworden, das vor der Welt in die Wälder geflohen ist. Ich bin allein, aber nicht verloren. Wenn ich mich umdrehe und durch das Laub zum Himmel emporblicke, dreht sich mir der Kopf. Sonnenlicht bricht sich auf den Eichenblättern. Ein Eichhörnchen flieht über einen der oberen Äste wie der Schatten einer Baumelfe.

Eine Stunde später taucht Jonathan Jukes in seinem Landrover neben den Kiefern auf. Wir gehen hinüber zu einem Bereich auf der Westseite des Gutes, der einst aus altem Wald bestand. Die Kiefern, die nach der Abholzung der großen Eichen in den 1950ern gepflanzt wurden, ragen jetzt dreißig Meter und höher aus dem Boden.

»Hier entlang«, sagt Jonathan und bahnt sich einen Pfad über den unebenen Boden.

Vor einem geisterhaften Muster auf der Erde bleibt er stehen. Es ist der Fußabdruck eines Baumes. Das zwanzig Zentimeter hohe Podest aus Holz ist alles, was von einer vor etwa sechzig Jahren gefällten Eiche noch übrig ist. Wie die versteinerten Überreste eines riesigen Jura-

Dinosauriers – der abgesägte Stumpf erinnert mich an den Fuß eines Mammuts. Es gibt fünf solcher Fußabdrücke auf dieser Lichtung im Kiefernwald. Jeder einzelne wurde von den Schweinen zutage gefördert, deren geduldiges Nagen am Unterholz die historischen Baumreste freigelegt hat wie eine archäologische Ausgrabung. Beharrlich haben sie die Existenz des uralten Waldes offenbart, der einst hier wuchs. Sie haben die geisterhafte Vision einer Zeit exhumiert, in der hier fünf uralte Eichen lebten, jede die Heimat einer eigenen Gemeinschaft von Wildtieren. Die feierliche Wahrheit senkt sich auf mich herab. Wir stehen auf einem Friedhof. Eine Weile stehen wir in ehrfürchtiger Stille.

In *Remaines of Gentilisme and Judaisme* (1686–1687) schreibt John Aubrey:

> Wird eine Eiche gefällt, so gibt sie eine Art Angstschrei oder Stöhnen von sich, das man meilenweit hören kann, als sei es der Genius der Eiche, der wehklagt.[9]

Dieser Gedanke – dass jede alte Eiche aufschreit, wenn sie gefällt wird – geht mir wieder durch den Kopf, als ich hier im Wald stehe und auf die freigelegten Baumstümpfe hinunterschaue. Diese Schreie sind jetzt verhallt. Dennoch bleibt etwas: ein stiller Überrest, wie die Asche nach einer Feuersbrunst. Auch ich möchte schreien, nach dem Leben dieser verlorenen Eichen.

In der mittelalterlichen Welt von Dantes *Inferno* sind andere Schreie im Wald zu hören. Im dreizehnten Gesang sind die Bäume des dunklen Waldes, durch den Dante und Vergil wandeln, Gräber für die Seelen der Selbstmörder. Erst als Dante einen Ast abbricht und ein Schrei ertönt, erkennt er, dass jeder Baum eine menschliche Seele birgt. In den Baumkronen bauen die Harpyien – grässliche Wesen, halb Mensch, halb Vogel – ihre Nester. Sie sitzen kreischend dort oben und fressen die Blätter der Bäume. Dabei hacken sie ins Fleisch der Bäume und lassen sie bluten. Erst dann können die Seelen der Selbstmörder im Inneren schmerzerfüllt aufschreien, denn der Biss »quält und verschafft Ausweg der Qual«.[10] In den meisten Versionen der Geschichte werden die Bäume als dornig beschrieben; einmal habe ich aber auch gelesen, die Harpyien würden sich vom Eichenlaub der verwelkten Bäume nähren.

Dante war nicht der Erste, der sich solche Schreie in den Wäldern vorstellte. Der griechische Dichter Ovid hörte sie schon vor zweitausend Jahren. Im achten Buch seiner *Metamorphosen* beschreibt er ebenfalls einen »Selbstmörder-Wald«. Ovid erzählt die Geschichte von Erysichthon, der seinen Dienern befahl, eine uralte Eiche in einem heiligen Wald zu fällen. Als sie zögerten, nahm Erysichthon die Axt und hieb den Baum selbst um. Der Stamm blutete und begann zu sprechen; er kündigte Erysichthon eine Strafe für seine Gewalttat an, denn die Eiche war der Göttin Ceres heilig. Bald darauf begann Erysichthon unter unstillbarem Hunger und Durst zu leiden. Um seine ständige Gier nach Essen und Trinken zu befriedigen, verkaufte er seine Tochter und all seinen Besitz. Zuletzt wurde Erysichthon dazu getrieben, seinen eigenen Körper zu zerfetzen und das eigene Fleisch zu essen, bis er sich selbst in einem besonders blutigen Akt des Selbstmords verzehrt hatte. Solche Konsequenzen hatte das Fällen heiliger Eichen.

—

Als wir wieder an der Honywood-Eiche stehen, spricht Jonathan von »Hofbildung«, also davon, ein paar der Kiefern zu fällen, die sie bedrängen, um ihr einen Lichthof mit mehr Freiraum und Helligkeit zu verschaffen. Ein schönes Wort; es weckt Bilder von einem Ring um den Mond oder die Sonne, einem himmlischen Zirkel aus Licht. Diese Vorstellung scheint dem Baum eine wahrhaft spirituelle Aura zu verleihen. Das ist nichts Neues. Die alten Griechen kannten die Dryaden – Waldnymphen – als weibliche Geister der Waldbäume, genauer: der Eichen (*drys* bedeutet im Altgriechischen »Eiche«). In Ovids *Metamorphosen* tauchen sie überall auf. Eurydike, die Frau des Orpheus, war eine von ihnen. Dann gab es noch die Hamadryaden, ebenfalls Waldnymphen, aber eher im Sinne von lebendigen Geistern einzelner Bäume. In bestimmten Bäumen lebten namentlich bekannte Hamadryaden, und wenn der Baum starb, starb auch die Nymphe. Auf der Suche nach Baumnymphen schaue ich hinauf in die Krone der Eiche und hoffe, einen kurzen Blick auf eine grünäugige Hamadryade zu erhaschen. Ich sehe, wie die Blätter sich sanft in der Brise bewegen, im Atemhauch eines unsichtbaren Wesens hoch oben in luftiger Höhe.

An der Westseite der Eiche zeigt mir Jonathan eine Stelle, an der vor zwei Jahren eine bakterielle Blutung aufgetreten ist. An der Infektionsstelle ist eine Narbe in der Rinde zu sehen, ein Riss, der aussieht, als wäre er verheilt. Bäume werden krank, genau wie Menschen. Ältere Menschen können an einem harmlosen Erreger sterben, den sie sich einfangen. Alte Eichen auch. Jonathan beugt sich vor und untersucht das Narbengewebe.

Am gleichen Tag treffe ich mich noch einmal mit Jonathan. Er ist zu Fuß von seinem Häuschen im Wald herübergekommen. Wir stehen zusammen an der Honywood-Eiche. Gestern sei der Boden innerhalb der Holzumzäunung gejätet worden, erzählt er, und zwar von Hand, um die Eichensämlinge zu schützen, die aus den im letzten Jahr gefallenen, in der Erde versunkenen Eicheln gesprossen seien: die nächste Generation.

»Du musst nur eine von denen wachsen lassen«, sagt Jonathan, als er neben einer der kleinen Eichen kniet, »und in achthundert Jahren hast du eine von denen.«

Er deutet mit dem Kopf beiläufig über seine Schulter.

Wir gehen auf die Südseite der Eiche, schauen hinauf zu dem Klumpen aus Wildbienen und wenden uns dann dem Wald dahinter zu. Bald wird noch ein wenig ausgelichtet, damit ein noch größerer Lichthof für die Honywood-Eiche entsteht. Einige Kiefern sollen stehen bleiben; ihre immergrünen Kronen geben Schutz vor dem Südwestwind, obwohl die kahlen Stämme weiter unten nur wenig Windwiderstand bieten. Andere Bäume werden heranwachsen und den Freiraum füllen.

»Wir werden Libanonzedern und Eichen pflanzen«, erzählt Jonathan.

Und ich begreife, dass er nicht in Jahren plant, sondern in Jahrzehnten, in Jahrhunderten.

Ich versuche, mir die nächsten hundert Jahre vorzustellen. Im Süden bilden Eichen, Zedern und Pinien eine schützende Umarmung. Die Honywood-Eiche lebt weiter, in noch reiferer Alterspracht.

—

In ganz Asien, Europa und Nordamerika gibt es verblüffende Verbindungen zwischen frühen Kulturen und Eichen. Wo auch immer in diesen Regionen Menschen lebten und Zivilisationen entwickelten, wuchsen Eichen in ihrer Nähe.[11] Diese Gemeinschaft von Eiche und Mensch führte dazu, dass die Bäume dort, wo sie vorkommen, in Identitätsmythen aller Art auftauchen – sei es in einer bestimmten Kultur, einem Nationalstaat oder einem ganzen Reich. Das Eichenblatt wird auf der ganzen Welt als Symbol verwendet.

Während ich mich tiefer in die historischen und kulturellen Schichten des antiken Europas grub, erkannte ich, wie verbreitet die Verehrung von Eichen tatsächlich war. Es gibt viele Beispiele für die Funktion von Eichen als Bestandteil religiöser Bräuche. Im alten Griechenland war die Eiche dem Göttervater Zeus zugeordnet. Das Zeus-Heiligtum von Dodona im Nordwesten Griechenlands gehörte zu den ältesten aller Orakel. Inmitten des Tempels von Dodona wuchs eine uralte Eiche. Hierher kam man, um Wahrheiten über die Zukunft zu hören, geraunt vor dem Rauschen des Eichenlaubs. In seiner *Odyssee* beschreibt Homer, der früheste Chronist jener Zeiten, wie Odysseus das Zeus-Orakel in Dodona besucht, um dort »aus Gottes / Hochgewipfelter Eiche Kronions Willen zu hören, / Wie er in Ithaka ihm, nach seiner langen Entfernung, / Heimzukehren beföhle, ob öffentlich oder verborgen«.[12]

Das Gegenstück zur Eichenverehrung in Südeuropa während der griechischen und später auch der römischen Antike waren die Vorstellungen und Bräuche in Nordeuropa, wo keltische Völker zu jener Zeit ihre eigenen Eichen-Hohepriester hatten: die Druiden. Schon das Wort »Druide« ist keltisch, ein indoeuropäischer Begriff, der sich aus den Wörtern *dru*, »Eiche«, und *wid*, »sehen, wissen«, zusammensetzt. Die Druiden verfügten also über »Eichenwissen«.[13] Sie waren die menschlichen Hüter der Eichen und bewahrten das kulturelle Wissen um die Bedeutung dieser Bäume – zum Wohle der Gesellschaft. Die Druiden führten nicht nur verschiedene religiöse Riten und Zeremonien rings um Eichen durch, sondern überwachten auch die Pflege der Bäume und fungierten damit als Beschützer der Dryaden, der Eichengeister.

28. September

Zwei Stunden nach Sonnenaufgang.

Die Morgensonne wirft ein kaltes, klares Licht, aber die ersten Farben des Herbstes sind unverkennbar. Ich stehe vor der Eiche und fühle die Euphorie des frühen Morgens. Mein Atem umwölkt mich; er kondensiert zu Dunstschwaden, die wie Nebel über dem Meer wallen. Die Eiche aalt sich in der Wärme des Sonnenscheins. Sonnenlicht blitzt von allem, was sich in der Baumkrone bewegt: Ein unaufhörlicher Strom von Hornissen wird versilbert, während er aus dem dunklen Kreis einer alten Spechthöhle quillt. Dies ist die Jahreszeit der Hornissen. Diese herrischen Insekten ziehen Wespen aus honigprallen Efeuflächen und durchkreuzen beim Patrouillieren durch ihr Reich die spätsommerliche Luft.

Eine Blaumeise fliegt über mich hinweg – ein verblüffend blaugelbes Schwirren. Bei dem Anblick muss ich an die Szene in Virginia Woolfs Roman *Orlando* denken, in der Orlando eine gelbe Krokusblüte und eine strahlend blaue Häherfeder in der Hand hält und über die Mischung dieser Farben nachsinnt. Als ich später in meinem Exemplar des Buches noch einmal diesen Moment nachlese, fällt mir auf, dass Orlando kurz nach dieser Szene das Manuskript zu ihrem Gedicht »Die Eiche« wieder zur Hand nimmt, das sie 1568 begonnen und fast dreihundert Jahre lang bearbeitet hat; das hatte ich vollkommen vergessen.

Weiße Strähnen aus Zirruswolken kriechen von Westen heran und brechen das Licht. Ein Baumläufer zieht einen spiralförmigen Pfad um die Rinde des Eichenstamms. Ich schaue zu dem Vogel empor, während er um den riesigen südlichen Ast herum gen Himmel zirkelt; sein zuckender, geschäftiger Weg schraubt sich höher und höher in die Fernen der Eiche. Ich bin wieder mein kindliches Ich. Begeistert von der Freiheit, allein hier zu sein, erfreue ich mich an der Einsamkeit, daran, einfach in der frühen Morgensonne zu stehen. Ein Windhauch lässt eine Dusche aus Regentropfen von gestern Abend aus den obersten Wipfelblättern auf die unteren Äste prasseln; das Wasser spritzt mir ins Gesicht. Die Berührung ist kühl, frisch und köstlich. Meine Sinne zerstreuen sich in der Pracht des Augenblicks. Die Vögel kennen das gleiche Glück. Blaumeisen *zi-zi*-pen unaufhörlich über mir, in monotoner Verzückung.

Ich stehe auf, um dem Weg rund um die großen Seen und den ummauerten Achttausend-Quadratmeter-Garten zu folgen; als ich zurückkomme, um noch einen kurzen Blick auf die Eiche zu werfen, sehe ich, dass der Herbst da ist – ein Hauch von Farbe: ein sanftes Gelb, ein paar dunklere Kupfertöne inmitten des Grüns. In den Wäldern dahinter senkt sich der Kieferduft herab wie ein Moment der Stille. Eine Familie von Schwanzmeisen huscht zwischen den jadegrünen Nadeln herum und schießt pfeilschnell von Baum zu Baum.

2. Oktober
Noch zwei Stunden bis Sonnenuntergang. Ein sanfter Südwind verheißt aus zerrupften Wolken Regen. Der Tag fühlt sich beendet an, obwohl es bis zur Dämmerung eine Weile dauern wird. Ich sitze auf der Bank und sinniere über eine Dopplung von Wünschen: die Eiche zu behüten und von der Eiche behütet zu werden. Es ist ein Gefühl, das stärker wird, aber nicht gefestigt ist. Ich kann es noch nicht einordnen, aber während der letzten Besuche bei der Eiche habe ich immer deutlicher die ungreifbare Ahnung gespürt, dass sie mich irgendwie beschützt. Eine Zeit lang denke ich über das begeisterte Kind nach, in das ich mich unter diesen Ästen verwandeln kann, aber noch während ich über diese Tatsache staune, weiß ich, dass ich damit die Verwandlung gefährde, weil ich ihren Zauber zerstöre. Zu viel darüber nachzudenken, wäre ein Fehler. Also stehe ich auf, steige über die niedrige Hürde der hölzernen Umzäunung und stelle mich unter den Schirm der Baumkrone, innerhalb der Kronentraufe. Ich schaue nach oben und fühle wieder den schützenden Schatten der Eiche.

Eine Stunde später spähe ich über den Bach zur Eiche hinüber und bemerke, dass noch weitere Blätter die blasseren Herbstfarben angenommen haben – wie graue Haare auf dem Kopf des Vaters, den man monatelang nicht gesehen hat. Am See, unter der Eibe, steht noch eine Bank. Ich beobachte die Eiche. Ein weiteres Blatt fällt. Eine Krähe fliegt weg. Ein Eichelhäher gleitet vorbei. Was Eicheln angeht, war es für die Eiche ein weiteres Brachjahr. In der Luft über der niedrigen Holzumfriedung zirkelt eine Libelle, eine Blaue Mosaikjungfer, den umzäunten Raum ab wie eine Schleiereule ihr abendliches Lieblingsfeld. Wolken sammeln sich im Süden. Regen fällt. Ich suche Schutz unter der Eibe. Am See hält der alte Graureiher seine ewige Wacht. In dem späten Wind, der die Wasseroberfläche kräuselt und alles mit einer Gänsehaut überzieht, liegt der kalte Hauch des Herbstes. Ich kuschele mich ein. Auf der Brücke wippt eine Gebirgsstelze auf und nieder, auf und nieder; ihr gelber Bauch blitzt im Zwielicht prachtvoll lebendig. Ein heller Schwan und vier Jungvögel mit schlammbraunen Federn haben sich aus dem See emporgeschwungen und segeln nun am dunkler werdenden Himmel davon, durch die Wogen aus kaltem Regen, die aus dem Süden herantreiben.

9. Oktober

An der moosigen Nordwestseite der Eiche kauere ich mich hin. Ein Vorsprung, ungefähr dreißig Zentimeter über dem Boden, dient mir als Sitz; meinen Rücken schmiege ich in einen Hohlraum. Es ist ein heiliger Raum, eine Einsiedelei, in der ich mich ausruhen und beten und Frieden finden kann.

Ein dunkel gefingerter Flügel flackert unter dem Blätterdach auf und landet irgendwo hinter dem abgesägten, nach Norden weisenden Ast. Wir befinden uns an entgegengesetzten Seiten des Baumstamms. Mein Rücken lehnt an der Rinde. Einen Baumdurchmesser entfernt klammert sich das Spechtweibchen fest. Ich warte. Nach ein paar Minuten ertönt ein Ruf, ein einzelnes Kreischen. Einen Augenblick später fliegt sie fort. Ein Erröten unter dunklem Umhang, ein Schatten im grünen Laub, dann ist sie fort, in steigendem und wieder sinkendem Flug in Richtung Brücke und See.

12. Oktober

Heute findet im Kutschenhaus eine Hochzeit statt. Jonathan hatte mich gewarnt; trotzdem kommen Lärm und Trubel, kreischende Kinder und das glückliche Geschrei betrunkener Erwachsener wie ein Schock.

An der Eiche dauert es eine Weile, bis sich Frieden auf mich herabsenkt. Kiefernnadeln fallen vom klaren blauen Himmel und rascheln auf dem laubbedeckten Boden wie kleine Füße in trockenem Gras.

Der Radau von der Hochzeitsparty ist zu laut. Er treibt mich fort. Ich folge dem Bach nach Süden. Ein einzelner Eichelhäher fliegt aus dem Osten herbei. Eine Schar Goldammern kurvt über mich hinweg; ihre dringlichen, mitreißenden Rufe fallen wie vollkommene, feine Klangsplitter herab, zusammen mit einem windgetriebenen Blätterschauer. Der Herbst ist da, rufen sie. Der Winter kommt.

—

Vor einer Woche habe ich eine Lieferung mit Scheiten für den Holzofen bekommen. Der Revierförster Richard Fordham brachte sie selbst vorbei, anstatt einen seiner Jungs zu schicken. Im ersterbenden Licht griffen wir uns handvollweise Scheite von der Ladefläche seines verbeulten roten Toyota-Transporters und ließen sie auf die Betoneinfahrt poltern. Ich erzählte ihm von der Honywood-Eiche. Richard weiß mehr über Bäume als fast jeder andere Mensch. Seit seiner Kindheit hat er mit ihnen zu tun. Er hörte mir zu, als ich ihm die Geschichte von der Abholzung der alten Eichen erzählte.

»Du solltest mit Richard Cromach reden«, verkündete er. »Er hat bei Mann's gearbeitet. Hat mir Sachen über Bäume beigebracht, seit ich klein war.«

Er machte eine Pause.

»Ist für mich wie ein Vater.«

Richard schaute von dem Holzstapel auf.

»Willst du seine Nummer? Er kann dir was über die Eichen erzählen.«

Ich suchte im Schuppen nach Stift und Papier und kam mit einem Bleistiftstummel und einem alten Penguin-Taschenbuch zurück. Richard diktierte mir die Telefonnummer, die ich auf die Rückseite des Buches schrieb.

»Ich mag Bäume sehr, wirklich«, sagte er, und seine Augen glänzten selbst im Zwielicht. »Es gibt einen unten in Huntingdon. Eine Weide. Erstaunlicher Baum. Riesig.«

Während er weitersprach, konnte ich mich des Gedankens nicht erwehren, dass vor mir ein echter Grüner Mann stand – oder zumindest eine moderne Version davon. Keine in einem Kirchenschiff versteckte Skulptur, sondern ein lebendiger Mensch, der seine Liebe zu Bäumen, sein Leben, seine Jahrzehnte des Waldwissens mit mir teilte.

16. Oktober

Neben der Eiche versteckt, an die Rinde der ruhigen Westseite gekauert, fühle ich, wie Ruhe sich über die Welt senkt. In dieser Zeit des Jahres gehen jeden Tag ein paar Minuten Licht verloren. Noch zwei Wochen, und jeder Tag wird eine helle Stunde verloren haben.

Die Sonne geht immer früher unter. Wir stürzen nicht plötzlich in die Dunkelheit. Die Tage verblassen. Die Dunkelheit des Winters lässt sich langsam auf der Erde nieder wie eine riesige Wolke, die allmählich vor die Sonne gleitet und das Licht stiehlt.

In die kuschelige Umarmung der Honywood-Eiche senkt sich Stille. Anfangs sickert sie sanft herein, mit dem Verklingen der anderen Stimmen. Eine Zeit lang sind noch ferne, aber deutliche Laute zu hören: die der Vögel, die noch rufen – Gänse, die Amseln im Efeu, die Schwanzmeisen in den Kiefern. Dann verstummen auch diese Stimmen. Die Natur ist oft still. Sie spricht nicht immer zu uns. Im Winter wird diese Sprachlosigkeit offenkundiger denn je; man denke nur an das extrem gedämpfte Schweigen bei Schneefall. Es ist die wahrhaftigste Stille des Winters.

—

Ich rufe Richard Cromach an und frage ihn nach der Zeit vor sechzig Jahren, als noch Hunderte uralter Eichen auf den Ländereien um die Honywood-Eiche standen. Er erzählt mir, woran er sich noch erinnert. Es war eine vollkommen andere Zeit. Damals sei er noch ein junger Mann gewesen, sagt er.

Eine Woche später steht Richard vor dem Lebensmittelladen an der Hauptstraße von Earls Colne. Er trägt ein elegantes Tweedjackett und hat sich eine Kiste um den Hals gehängt, aus der er Mohnblumen aus Stoff für den Volkstrauertag verteilt. Dort steht er jedes Jahr. Ich komme mit meiner Tochter Molly vorbei, halte aber an und scherze mit Richard darüber, wie lange er noch hier herumstehen möchte. Es ist schon jetzt eiskalt, dabei ist der Nachmittag erst halb vorüber.

»Nicht mehr lang«, sagt er und lächelt und wischt einen Tropfen von seiner Nasenspitze. Ich sehe das gleiche Glitzern in seinen Augen, das ich schon bei anderen Förstern beobachtet habe, einen tiefen Widerhall jener Zeit, die sie im Wald verbracht haben, bei den Bäumen.

Eine barmherzige Seele aus dem Laden auf der anderen Straßenseite hat ihm eine Tasse Tee gebracht. Wir sprechen wieder über die Zeit, als er im Wald arbeitete, seine Zeit in Marks Hall Estate. Es gibt eine Frage zur Abholzung dieser alten Eichen, die ich mir schon seit einer Weile stelle.

»Wie hat man die Eichen damals gefällt?«

Ich habe ein Bild von enormen gezahnten Sägeblättern vor Augen, die von Hand hin- und hergezogen werden, durch die Stämme all der riesigen Eichen. In meiner Vorstellung ist alles im Wald verstummt bis auf das monotone Geräusch der Säge, die sich stetig ins Herz des Baumes frisst. Ich liege falsch. Das hatte ich schon vermutet. Richard tupft seine Nase noch einmal mit dem Taschentuch ab.

»Gab es damals schon Kettensägen?«, frage ich und komme mir vor wie ein Kind. Mein eigenes Kind Molly macht neben mir eine Bewegung; sie streckt die Hand aus, um einen vorbeilaufenden Hund zu streicheln.

»Kettensägen gab's schon«, sagt Richard. »Aber nicht solche wie heute. Große, dicke Dinger. Es brauchte zwei Mann, um sie zu bedienen.«

Und wieder versuche ich, mir die Szenerie oben in den Wäldern bei Marks Hall Estate vorzustellen, als die alten Eichen gefällt wurden. Meine Fantasie von Zweihandsägen und einer stetigen, stillen Zielstrebigkeit, von grimmigen Äxten, die ins Eichenholz donnern, ist weg. Jetzt höre ich nur noch brutalen Lärm und brüllende, an den Eichen reißende Maschinen, die primitiven Kettensägen, wie sie knurren und dröhnen und sich ihren Weg durch die Rinde fressen bis ins Fleisch der Eiche, sie zuletzt von ihren Wurzeln trennen. Ich erinnere mich an die riesigen, saurierhaften Fußabdrücke auf dem Waldboden, die Jonathan Jukes mir gezeigt hat – die Stümpfe jener alten Eichen, die gefällt wurden.

Ich kaufe eine Mohnblüte, stecke sie an meine Cabanjacke, danke Richard und wünsche ihm alles Gute. Dann gehe ich weiter die Straße entlang, den Arm um Mollys Schultern gelegt. Während sie vorausrennt, sinniere ich immer noch über jene Zeit vor sechzig Jahren, denke an diesen freundlichen Mann, der damals als Teenager in der Kälte stand, ein Jüngling im Eichenwald.

6. November

Drei Wochen später kehre ich zurück, um mich wieder in die Umarmung der Eiche zu kuscheln, in die Nische an der Westseite, den Rücken an die Rinde der Eiche gelehnt. Die Dämmerung kommt jetzt früh. Der Tag ist grau, mit tief hängenden Wolken. Um halb fünf wird es dunkel sein.

Als ich bei meiner Ankunft um die Eibenhecke biege, treffe ich auf eine Gruppe von Graugänsen, die mich anstarren und die Böschung am Bach emporwatscheln. Regen hat eingesetzt. Der Tag hatte sonnig angefangen, mit einer Sonne, die straßenlaternenorange zum blauen Himmel emporstieg und Hoffnung weckte. Und nun durchweicht Regen – triefender Regen – alles.

Ich schaue von den Gänsen hinüber zur Eiche, und die Größenordnungen haben sich verschoben: Der Baum ragt höher und breiter empor. Die Kiefernreihe im Westen, kurz nach dem Massaker an den restlichen Eichen in den 1950ern gepflanzt, ist gefällt worden. Aus etwa zweihundert Metern Entfernung glänzen die runden Enden der Stämme auf dem Holzstapel wie Honigtau. Hinter der Brücke über den See ist die feuchte Luft getränkt mit dem selbst im Regen noch durchdringend süßen Duft der vor ein paar Tagen geschlagenen Kiefern. Aus der Nähe sind die Mandala-Muster der Kiefernstämme fast perfekt strahlenförmig. Kreise um Kreise aus Wachstumsringen erzählen von einem halben Jahrhundert Leben, vom Streben zum Himmel in vertikaler Präzision. Die Jahresringe lassen sich leicht zählen.

Der Freiraum ist schockierend. Wo einst Wald war, ist jetzt Luft. Dies ist eine sanfte Form der Pflege: eine durchdachte und sorgfältige Gesundheitsvorsorge für die Eiche. Ein Schutzgürtel. Ich habe vor ein paar Wochen mit Jonathan über diesen Begriff gesprochen. Die Winterwinde und Gewitterwolken sind von Süden und Norden her am schlimmsten, deshalb ließ er die schützenden Kieferngruppen dort stehen. Im Westen sollten die gefällten Kiefern der Eiche eine Öffnung für mehr Sonne und Licht schaffen. »Hofbildung« – das war das Wort. In Frühling wird die Honywood-Eiche diesen Freiraum, diese Beinfreiheit spüren. Sie wird das offenere Himmelszelt zu schätzen wissen. Die ersten Regungen neuer Triebe an den ausgesetzten westlichen Ästen werden neues Wachstum an dem alten Baum anzeigen.

Das Tageslicht ist weg. Mit der Umstellung der Uhren, dem Zurückdrehen der Zeit, erscheint die Dämmerung plötzlicher; sie dringt in den kostbaren Tag vor. Während das Licht dichter wird, schmiege ich mich in die Umarmung der Eiche und schaue zum neu gerahmten Horizont hinüber. Das Fällen der Kiefern hat den Westen mit Licht und Luft überflutet. Zu meinen Füßen sind die überflüssigen Späne dieser Kiefern als dunkler, humushaltiger Mulchkreis um die Eiche verstreut, dessen Durchmesser dem der Kronentraufe entspricht. Er wird die tiefen Wurzeln nähren und das Unkraut im Zaum halten.

17. November

Wieder einmal sind es nur noch wenige Augenblicke bis zur Dämmerung. In den offenen Luftkorridoren, dort, wo die Nadelbäume standen, fliegen jetzt Zwergfledermäuse in zackigen Kurven und machen den Tag noch dunkler.

Der Herbst rückt näher. Bislang unbemerkte, verschattete Löcher an den oberen Ästen der Eiche werden sichtbar, während das Blätterdach fällt. Der Holzmulch, der die Eiche umgibt, ist jetzt mit einer Laubschicht bedeckt, die selbst im schwindenden Licht kupferrot leuchtet. Ein Grauhörnchen huscht über die Laubdecke; sein Weg führt genau auf mich zu. Es kommt schlitternd zum Stehen, schleudert dabei Holzsplitter in alle Richtungen und kratzt dunkle Klauenspuren in die Erde. Es steht kurz vollkommen still, dann macht es sich zur Ostseite der Eiche davon und taucht einen Augenblick später in drei Metern Höhe wieder auf, von wo es Rindensplitter auf meinen Kopf regnen lässt. Ein zweites erscheint, sprintet durch den umzäunten Bereich und flieht, während neun Gänse über uns hinwegfliegen, eine perfekt gerahmte, stille Schar – dunkel vor dem grauen Licht. Die Farben verblassen. Meine Augen fangen an, mit den Stäbchenzellen zu sehen. Sie bieten zwar eine gute Sehschärfe, nehmen aber keine Farben wahr. Erst nach zwei Stunden Dunkelheit wird die Umstellung von den lichtempfindlichen Zapfenzellen abgeschlossen sein: auf Nachtsicht. Klar und farblos – wie Mondlicht.

30. November

Als ich an der Eiche ankomme, ist die Sonne schon aufgegangen und erhellt einen kalten, klaren Tag. Raureif bedeckt den Boden. Im Westen steht der Mond, voll und blass. Jupiter hängt neben ihm – eine schimmernde weiße Perle. Lauter gute Vorzeichen.

Simon ist schon da. Eine Leiter lehnt an der Südseite der Eiche, ungefähr sechs Meter hoch. Er ist damit beschäftigt, ein rotes Seil über einen fernen Ast zu werfen. Wir geben uns die Hand, wechseln ein paar Worte über diesen prachtvollen Morgen.

»Bist du schon mal geklettert?«, fragt Simon.

»Nicht viel«, gebe ich zu.

Wir gehen zum Landrover zurück. Er fragt, wie viel genau.

»Gar nicht.«

Mein Plan war gewesen, hinauf ins Herz der Eiche zu klettern und dort einfach ein wenig Zeit zu verbringen, das Kommen und Gehen der Insekten, Vögel und anderer Tiere zu sehen, ja mehr noch: einfach zu *sein*. Ich hatte auf etwas Zeit oben in der Umarmung der Eiche gehofft, weil ich jetzt meist am Boden in jener Nische heiligen Raums an der Westseite der Eiche saß. Ich dachte, ich könnte einfach ein paar Stunden dort bleiben. Zum Beobachten und Spüren.

Jetzt haben sich die Pläne geändert.

»Du musst ein Klettergeschirr tragen«, sagt Simon. »Und ich fürchte, ich darf dich dort oben nicht allein lassen.«

So lauten die Regeln der Versicherung des Landguts. Es geht um Gesundheit und Sicherheit. Meine Sorgen waren ganz andere gewesen. Da ist eine gewisse Beklommenheit, aber sie entspringt der Unruhe darüber, in den Baum hineinzuklettern. Das kommt mir vor wie ein Übergriff. Ich möchte irgendeine Einladung, eine Art Zeichen, dass ich willkommen bin, wenn ich mich am Rumpf der Eiche weiter nach oben begebe.

An der Leiter warte ich. Simon ist damit beschäftigt, das Seilsystem zu sichern, damit wir gefahrlos in etwa sechs Metern Höhe herumklettern können. Am Fuß des Baumes berührt er etwas am Boden.

»Ein Stück Bienenwabe«, sagt er.

Ich weiß genau, woher es kommt: aus dem dunklen Loch über unseren Köpfen, das den Eingang zum Stock des Wildbienenvolks bildet. Ich fische die Wabe aus dem Laub. Das Gebilde aus sechseckigen Zellen fühlt sich unfassbar perfekt an. Wie können Bienen so etwas erschaffen haben? Die strahlende Schönheit dieser Struktur trifft mich wie ein Blitz. Ich hebe das Stückchen an meine Nase, und es verströmt einen unglaublichen Duft: ein dunkles, üppig süßes Honigaroma, umhüllt von einer tieferen, erdigen Schicht, ähnlich dem durchdringenden Duft frischer Pilze. Ich lege die Wabe vorsichtig auf einen Vorsprung aus nacktem Holz am Fuß der Eiche. Erst später erkenne ich, dass sie das Zeichen darstellt, das ich gesucht habe.

Als ich in die Eiche hinaufsteige, kommt es mir vor, als würde ich eine Art Schwelle überschreiten. Sich von der Erde zu erheben, in den Baum zu klettern, heißt, ein anderes Reich, eine andere Landschaft zu betreten. Den Boden zu verlassen, heißt, sich über die Welt zu erheben. Der Schritt, mit dem ich von der Leiter hinüber in die Eiche trete, fühlt sich an, als wäre er heilig.

»Lehn dich einfach zurück ins Geschirr«, sagt Simon.

Ich lehne mich zurück. Simons Seiltricks ermöglichen es uns, mit der sicheren Selbstvergessenheit von Affen an den Ästen zu hängen und zu schwingen; unsere Körper werden von einem ausgeklügelten Schaukelsystem über dem Boden gehalten. Um in unsere gegenwärtige bequeme Lage zu kommen, haben wir uns mit einer gewissen Besorgnis an dem dunklen Kreis vorbeibewegt, aus dem die Wabe gefallen ist.

»Weckt die Hornissen nicht auf!«, ruft einer der Wildhüter hilfreicherweise herauf und grinst vergnügt bei dem Gedanken. Aber die Hornissen schlafen weiter. In Wirklichkeit sind es sowieso Bienen. Die Opfergabe der Wabe hat die Wahrheit offenbart.

Aus sechs Metern Höhe sieht die vertraute Landschaft um die Eiche ganz verwandelt aus. Unser Aussichtspunkt mit seinem besseren Blickwinkel lässt den Schutzwall aus Nadelwald viel solider und körperlicher erscheinen. Vom Boden aus gesehen bilden die Kiefern eher Raum als Wald, nichts weiter als Stützen und Stämme. Aus der Höhe ballen sie sich zu grünen Haufen zusammen. Ich lasse meinen Blick über die ganze Szenerie schweifen. Der See wirkt größer und der Bach windungsreicher, während er sich durch die Ländereien des Gutes schlängelt. Aber die größte Verwandlung hat die Eiche selbst durchgemacht. Die Hauptäste, die in die verschiedenen Himmelsrichtungen weisen, sind aus der Nähe gesehen absolut riesig. Simon schlingt seine Arme um den nach Südwesten ragenden Ast und schafft es nicht, seine Fingerspitzen auch nur annähernd zusammenzubringen. »Schon allein dieser Ast ist so dick wie ein zweihundertjähriger Baum«, sagt er.

Ich habe noch mehr über Druiden und Grüne Männer gelesen. Simon entspricht einer modernen Version von ihnen. Nicht, dass er sich selbst so sehen würde – Vorstellungen von langhaarigen Wilden Männern passen nicht gut zu diesem modernen Förster. Er ist das, was man heute einen »Baumpfleger« nennt. Er kennt seine Bäume und arbeitet eng mit ihnen zusammen, formend und beschneidend, ihr Wachstum steuernd. Dennoch ist da auch ein tief sitzender Respekt, das gleiche Band aus schwer zu beschreibender Baumspiritualität, das ihn mit seinen druidischen Vorfahren verbindet.

»Ich liebe den Moment, in dem ich allein auf dem Baum bin«, gesteht er. »Hoch oben über der Erde.«

Er war noch nie zuvor auf der Honywood-Eiche. Heute hat er eine angenehme Ausrede, um die anderen Bäume einen Tag lang in Ruhe zu lassen. Wir hängen an unseren Seillianen und plaudern.

»Ich muss bald mal die Misteln aus diesen Linden schneiden.«

Er deutet in die Ferne, zum Ostende des Landguts, wo hinter dem See eine Allee aus hohen, schlanken Bäumen die faserigen Mistelbälle hoch in die Luft hält.

»Sie streunen ein bisschen herum«, sagt er mit einem Lächeln.

Wie übergroße Baumläufer klettern wir auf den Ästen der Eiche herum und dann in ihr Herz – die Fläche, die sich im Laufe der Jahrhunderte am oberen Ende des Hauptstammes gebildet hat, wo die Adern der Äste sich nach außen verzweigt und eine weite Mulde frei gelassen haben, wie eine Handfläche. Von unten habe ich mir immer vorgestellt, in diese Welt hinaufzuklettern, mich hineinzukauern und dort den Tag zu verbringen, die Nacht, mich der Eiche näher denn je zu fühlen. Jetzt bin ich dort. Aus den Spalten der zerklüfteten Front eines Hauptastes wächst ein Klumpen Pilze: dunkelbraune Hüte über weißen Stielen. Ein angenagter Kiefernzapfen liegt auf einer glatten Fläche aus hellem Eichenholz, an der die Rinde abgeschabt ist. Diese luftige Stelle ist noch verlockender. Hier möchte ich mich niederlassen und bleiben. Dies ist eine Welt für sich – eine ganz eigene Landschaft innerhalb der Eiche. Ich suche nach Eulengewöllen, finde aber keine. In dem modrigen Loch, aus dem einst ein Ast wuchs, verdeckt das kupferbraune Laub einen dreißig Zentimeter breiten Zementklumpen, der früher als grobe Füllung diente.

»Macht man heute gar nicht mehr«, sagt Simon, als ich ihm meinen Fund melde. Die Baumpflege hat sich verändert.

Ich spähe vorsichtig in die Spalten, auf die lebhaft aquamarinblauen, lindgrünen, smaragdenen Töne und Schattierungen der Moose und Flechten. Das Sonnenlicht glänzt und glitzert auf den Blättern, die von grün zu braun wechseln. Darüber flackern die krummen Zweige in den blauen Himmel wie Hexenhaar. Mein Kopf dreht sich ein wenig. Ich schaue hinunter zu dem kupferroten, bronzeleuchtenden Laubteppich und hinüber zu den schattigen Stellen, die durch die Eiche von der Wintersonne abgeschirmt und immer noch mit weißem Reif überhaucht sind. Dies ist eine Wendezeit des Jahres. Rostrotes Herbstlaub ist mit dem Grün noch lebender Blätter gesprenkelt.

Als wir zurück auf die Erde treten, ist noch eine Aufgabe übrig. Simon macht sich auf den Weg zu den Lagerschuppen und lässt mich wieder allein an der Eiche. Ein unscharfes schwarz-weißes Flattern zischt durch den Luftraum des Schutzgürtels im Westen – ein Buntspecht, der am Stamm einer Kiefer Pause macht. Ich krieche über die Walzen gefällter Kiefernstämme, bis ich nahe genug bin, um das prachtvolle Scharlachrot seines Schwanzes zu erspähen. Vom kalten Schattenland des Schutzwaldes aus sieht die an der Eiche lehnende Leiter deplatziert aus. Simon kommt mit dem Landrover zurück und hat ein Maßband dabei. In einem letzten Ritual wickeln wir das Band einen guten Meter über der Erde um den Stamm der Eiche wie den Bänderschmuck eines Maibaums.

»8,7 Meter«, verkündet Simon.
Das entspricht einem Alter von ungefähr achthundert Jahren.
Genau, wie wir gedacht hatten.

Teil 2

DIE EICHE VERSTEHEN

Anfangs bot mir die Honywood-Eiche den Raum, um einfach in der Natur zu sein und nachzudenken. Es ist schwer, eine Gelegenheit zum Ausstieg aus der frenetischen Geschäftigkeit unseres modernen Lebens zu finden. In der friedlichen Enklave des Landguts war es hingegen leicht, stattdessen auf den Gang der Natur zu achten, insbesondere neben einer so riesigen und gleichzeitig so stillen Präsenz wie der Eiche. Zu Beginn war mein Entzücken ekstatisch. Ich begeisterte mich dafür, die Gepflogenheiten der Eiche kennenzulernen, ihr Ökosystem und das ganze kollektive Dasein der Tiere, die unter dem Schutzschirm dieses uralten Baumes die Jahreszeiten durchlebten. Ich staunte über die Wunder der Natur. In kleinen Heften führte ich Tagebuch über jeden Besuch, jeden Moment, den ich an der Eiche verbrachte. Ich fing an, Zeilen aus Gedichten zu sammeln, aus Romanen und Geschichtsbüchern und philosophischen Werken, die von Eichen und ihrer Bedeutung für uns handelten, ihrer Rolle in unserer Welt. Ich begann, das Wesen der Honywood-Eiche zu erfassen. Inzwischen weiß ich, dass ich in gewisser Hinsicht dem Zauber der Eiche verfallen war.

Ich erfuhr auch etwas über andere große Eichen in dieser Gegend und weiter weg. Sie alle hatten jahrhundertelang gelebt und Generationen von Menschen, die im Laufe der Zeit unter ihren Kronen gestanden hatten, viel bedeutet. Ich fand alte, prächtige Bücher mit sorgfältig ausgeführten Porträts historischer Eichen; einige von ihnen lebten noch, andere waren inzwischen gefallen und verschwunden, bestanden aber in den Werken dieser geduldigen Künstler auf ewig fort. Die Zahl der Einträge in meinen Eichentagebüchern erhöhte sich beständig. Ich studierte die Fauna und Flora, die an und in Eichen lebt. Erst las und schrieb ich über diese Myriaden von Pflanzen und Lebewesen, dann sah und erlebte ich sie an der alten Eiche. Und während sich meine Notizbücher füllten, merkte ich, dass mein wachsendes Staunen über die Eiche und ihre Eigenheiten ein Echo der Gefühle war, die so viele andere vor mir empfunden hatten. Je mehr ich erfuhr, desto dankbarer machte mich dieses Wissen.

—

Ich wandte mich Plinius dem Älteren zu, jenem römischen Gelehrten, von dem die frühesten schriftlichen Kommentare zu den Sitten der Kelten in Britannien und ihrem Eichenkult überliefert sind. Plinius begann seine enzyklopädische *Naturgeschichte* im Jahr 77 unserer Zeitrechnung, zwei Jahre vor seinem Tod beim Ausbruch des Vesuvs. In diesem Kompendium über sämtliche Themen dieser Welt öffnet sich ein Fenster zu den keltischen Eichenbräuchen:

> Nichts halten die Druiden; so nennen sie ihre Weisen, heiliger als die Mistel und den Baum, darauf sie wächst, wann es nur eine Eiche ist.[1]

Für Eichen empfanden die Druiden höchste Ehrfurcht. Mit größtmöglicher Sorgfalt und Aufmerksamkeit führte man die Zeremonie aus: In eine weiße Robe gekleidet, stieg der Erzdruide auf eine Eiche und schnitt die Misteln mit einer goldenen Sichel ab, worauf die heilige Pflanze und ihre Beeren in ein weißes Tuch fielen, das unter dem Baum aufgespannt wurde. Misteln dienten nicht nur dazu, unfruchtbare Tiere zu heilen, sondern auch als Gegenmittel für alle bekannten Gifte.

Plinius berichtete, dass das Schneiden der Misteln »am sechsten Tage nach dem Neumonde« stattgefunden und man beim gleichen Ritual, nach der Ernte der Misteln, zwei weiße Stiere geopfert habe.[2] Ich musste einfach nur die Augen schließen, um das helle Tuch unter einer riesigen Eiche zu sehen und das geisterhafte Blitzen des Mondlichts auf der goldenen Klinge, die Misteln aus den obersten Ästen schnitt.

Plinius' Worte fanden im viktorianischen Zeitalter eine breite neue Leserschaft, als seine Beschreibung der Druiden und ihres Eichenkults von dem bahnbrechenden Anthropologen James Frazer aufgegriffen wurde; dieser befasste sich auch mit der Herkunft des Namens der altbritischen Priester. Laut Frazer glaubte Plinius, »dass schon der Name der Druiden als griechische Bezeichnung gelten könnte«[3]; er leitete den Ausdruck »Druide« vom griechischen *drys* für »Eiche« ab. Frazer betont dagegen, das keltische Wort für »Eiche« laute *daur*; »Druide« im Sinne von »Priester der Eiche« stamme also aus dem Keltischen und sei kein Lehnwort aus dem Griechischen.

In seinem Buch *Der goldene Zweig* schildert James Frazer auch Baumkulte anderer prähistorischer Völker in ganz Europa; viele von ihnen brachten Eichen besondere Verehrung entgegen.

Frazer erzählt die Geschichte von den Böotiern im altgriechischen Platäa, die alle paar Jahre ein Fest namens »Klein-Dädala« feierten, bei dem sie in einem alten Eichenwald eine Eiche fällten. Der Baum wurde ausgewählt, indem man auf einer Lichtung Fleischstücke für die Raben auslegte; die Eiche, auf der sich zuerst ein Vogel niederließ, wurde gefällt.

> Aus dem Baume schnitzten sie ein Bild, putzten es wie eine Braut und stellten es auf einen Ochsenkarren mit einer Brautjungfer daneben. Das Bild scheint danach an das Ufer des Asopus-Flusses und in Begleitung eines pfeifenden und tanzenden Volkshaufens wieder zurück zur Stadt gefahren

> worden zu sein. Alle sechzig Jahre wurde das Fest des Großen Daedala von allen Bewohnern Boeotiens gefeiert. Dabei wurden alle Bilder, vierzehn an der Zahl, die sich bei den kleineren Festen angesammelt hatten, auf Lastwagen in einer Prozession zum Asopus und dann auf den Berg Cithaeron gefahren, wo man sie auf einem großen Scheiterhaufen verbrannte.[4]

In der Antike sind Vögel und Bäume oft miteinander verbunden. Es ist der Rabe, der auswählt, welche Eiche geopfert werden soll. Die Böotier sind nur menschliche Zuschauer. Als Robert von Ranke-Graves sich 1948 in seinem Buch *Die Weiße Göttin* dem Thema Eichen und Druiden zuwandte, ergänzte er noch, die Druiden betrachteten den Zaunkönig als ihren Vogel, denn er verkörpere die Eiche, ihre Seele.[5]

16. Dezember

> In zweier alter Eichen Mitte
> Steigt Rauch aus einer Nachbarhütte.
>
> John Milton, *»L'Allegro«* (1645)[6]

Es ist Sonntag. Wässrige Wintersonnenstrahlen fallen auf die Eiche. Nur wenige Blätter sind noch übrig. Ich sitze auf einer Maserknolle, einem Buckel an der Ostseite des Baumes. Ein Eichelhäher segelt in schläfrigem Flug vorbei zu den Kiefern im Norden. Ich schaue zu, wie winzige Mücken, vielleicht Gnitzen, wie Staubkörner im flachen Sonnenlicht wirbeln. Die Mistelkugeln hängen hoch oben in den Linden.

Später, zurück bei meinen Büchern, finde ich ein zur Jahreszeit passendes Eichenzitat in John Claudius Loudons *Arboretum et Fruticetum Britannicum*:

> Baal [der keltische Feuergott] galt als identisch mit dem römischen Gott Saturn, und seine Feiertage (das Julfest)

> wurden zu Weihnachten zelebriert, der Zeit der Saturnalien. Die Druiden gelobten, ein ewiges Feuer zu unterhalten, und einmal im Jahr wurden alle Feuer des Volkes gelöscht und mit dem heiligen Feuer der Druiden neu entzündet.[7]

Laut Loudon liegt hier der Ursprung des *Yule Log*, des traditionellen britischen Weihnachtsscheits, das frisch auf das weihnachtliche Feuer gelegt und dann halb verbrannt herausgenommen und aufbewahrt wird, um im folgenden Jahr am Weihnachtstag zum Anzünden des Feuers zu dienen. So hat sich der uralte britische Druidenbrauch des heiligen Feuers in Form des Weihnachtsscheits erhalten. Und natürlich musste ein *Yule Log* aus Eichenholz bestehen.

Ich starre in meinen Holzofen und grübele über ewiges Feuer und Weihnachtsscheite aus Eichenholz. Ich frage mich, ob heute noch jemand zu Weihnachten *Yule Logs* verbrennt. Vielleicht sollten wir das tun. Vielleicht ist es das, was wir falsch machen.

Und dann finde ich noch ein Körnchen Eichenwissen bei Loudon, der behauptet:

> Die Rituale der Druiden fanden im Allgemeinen unter einer Eiche statt, und ein Steinhügel wurde errichtet, auf dem das heilige Feuer brannte, das *cairn* genannt wurde, […] von *kern* oder *acorn* [»Eichel«].[8]

Je mehr ich lese und über alte Bräuche lerne, desto deutlicher erkenne ich, dass Menschen auf vielen Erdteilen und über einen Großteil unserer Geschichte hinweg in einer viel enger mit Eichen verbundenen Welt lebten als wir heute.

Von der frühen Steinzeit bis zum Beginn des Industriezeitalters vor nur wenigen Hundert Jahren waren wir von Eichen abhängig und von Ehrfurcht für diese Bäume erfüllt, und religiöse Riten galten den verehrungswürdigsten Bäumen unserer Heimatorte. Unsere weisesten

Menschen, unsere klügsten Führungspersönlichkeiten waren diejenigen, deren Aufgabe darin bestand, die Verbindungen zwischen uns lebenden Menschen und den Eichengottheiten zu pflegen.

Solche Sitten und Gebräuche werden heute »heidnisch« genannt. Schon vor einiger Zeit habe ich erfahren, dass das Wort »pagan« einfach »Landbewohner« bedeutet; es leitet sich vom lateinischen *paganus*, »zum Dorf gehörig«, ab. Während »zivilisierte« Menschen in Städten lebten, waren die »Heiden« einfach diejenigen, die auf dem Land außerhalb der Stadtmauern lebten – auf der *Heide*. Die allmähliche Verschiebung, die während der letzten Jahrhunderte auf der ganzen Welt durch den Zug der Menschen in die Städte stattfand, ging zwangsläufig mit einem Rückgang unserer angeborenen Verbundenheit mit der natürlichen Welt einher. Vor der Ankunft der Römer gab es in Britannien nur wenige Städte, wie wir sie heute kennen. Das Leben fand in erster Linie auf dem Land statt. Die Bevölkerung war per definitionem *heidnisch*. Die Verehrung der Eichengötter und -geister verflüchtigte und verwandelte sich nicht nur, weil der Monotheismus über den Volksglauben siegte, sondern auch, weil sich die Menschen in Städten sammelten, weit weg von Wäldern, Feldern und Eichen.

Mit dem Christentum folgte eine weitere unvermeidliche Veränderung der Beziehung zwischen Menschen und Eichen. Allerdings war das Verhältnis der christlichen Kirche zu Eichenbäumen nie ganz eindeutig. *Gospel Oaks* waren Eichen an den Gemeindegrenzen, unter denen Pfarrer Freiluftgottesdienste für die versammelte Gemeinde abhielten. Sie boten etwas Schutz vor Regen und spendeten bei Sonnenschein Schatten. Und was ist mit der Figur des Grünen Mannes – einer Gestalt, die in die Eichenbalken der schönsten Kirchen und Kathedralen Europas geschnitzt ist? Ihr Gesicht, mit Eichenblättern und -zweigen verschmolzene menschliche Züge, taucht tatsächlich ziemlich häufig in christlichen Sakralbauten auf; vor allem in bestimmten englischen Kirchen spähen die Grünen Männer hinter der kunstvollen Tarnung fein geschnitzter Blattornamente hervor. In vielen dieser Figuren ist Silvanus, der römische Gott der Felder und Wälder, zu erkennen, der eng mit Bäumen, insbesondere Eichen, verbunden war. Der belaubte Kopf ist allen Darstellungen Grüner Männer gemeinsam; üblicherweise wird er auf die römische Kunst des ersten nachchristlichen Jahrhunderts zurückgeführt.[9]

Aber die Darstellungen Grüner Männer erinnern auch an die wildere Seite der menschlichen Natur, die sich in der einen oder anderen Verkörperung in allen Kulturen wiederfindet, mit Sicherheit schon vor fünftausend Jahren in Mesopotamien. Dort entstand das älteste aller Epen, das Gilgamesch-Epos, mit der Figur des Enkidu. Ich stelle mir die keilförmigen Zeichen vor, die, eingeprägt in Tontafeln, die Urfassung dieser Geschichte erzählten. Enkidu war ein wilder Mann, der von Tieren großgezogen worden war und nur allmählich zivilisierte Sitten annahm – vielleicht eine Art Prototyp des Grünen Mannes. Allerdings erschien der Wilde Mann immer in einer etwas grimmigeren Form als die späteren europäischen Verkörperungen des Grünen Mannes. Während der Wilde Mann die Antithese zum zivilisierten Stadtmenschen bildete – Enkidu als Gegensatz zum städtischen Gilgamesch –, war der Grüne Mann die Personifizierung der spirituellen Dimension des Waldes.

Selbst als wir den Wald verließen, blieb er in unseren Gedanken. Deshalb nahm der Grüne Mann verschiedene Gestalten an. Er war der Waldgeist Puck aus Shakespeares *Sommernachtstraum*. Er war der Grüne Ritter, der in einem Artus-Epos aus dem vierzehnten Jahrhundert an der Seite Gawains auftauchte. Er war der Alte vom Walde und der *Jack-in-the-Green* der Londoner Maifeste. Er war eine vermenschlichte Form des von den Druiden verehrten Geistes, der selbst in christlichen Zeiten noch in Eichen vermutet wurde. Und es gab weitere entsprechende Gestalten wie die Grüne Frau und die Grünen Kinder: eine Familie von Eichengeistern, die sowohl in Wäldern und Bäumen unserer Nachbarschaft als auch in unseren tiefsten kulturellen Erinnerungen weiterlebte.

Gelegentlich werden Grüne Kinder tatsächlich gesichtet. Ralph of Coggeshall, ein Mönch des 13. Jahrhunderts, berichtet in seinem *Chronicon Anglicanum* vom Auftauchen zweier Kinder in einem Dorf im englischen Suffolk; der Ort wurde damals St. Mary of the Wolf-Pits genannt, weil man dort Fallgruben zum Fangen von Wölfen ausgehoben hatte (heute heißt er Woolpit). Die Kinder seien eines Tages neben einer dieser Gruben entdeckt worden; sie hätten eine fremde Sprache gesprochen und grün gefärbte Haut gehabt. Der offenbar kränkliche Junge sei kurz darauf gestorben, aber das Mädchen habe überlebt und später, nachdem es Englisch gelernt habe, berichtet, dass es aus einem Ort stamme, an dem alle Menschen grün seien.[10]

Dann gibt es noch die Geschichte des Wilden Peter von Hameln. Als er um 1725 auf einer Wiese in der Nähe von Hameln gefunden wurde, war er ungefähr zwölf Jahre alt; anscheinend war er Jahre zuvor von seinen Eltern im Wald ausgesetzt worden und hatte überlebt, indem er Blätter aß. (Sein verwilderter Zustand wurde allerdings nicht zusätzlich durch grüne Haut erschwert.) Er kroch nackt auf allen vieren, beherrschte keine Sprache und erregte das Interesse von Schriftstellern wie Jonathan Swift und Daniel Defoe, die dieses bemerkenswerte Wesen als »reine Natur« beschrieben. König George I. ließ ihn an den englischen Hof bringen; als Peter dort gemalt wurde, stellte man ihn als eine Art Grünes Kind dar, mit Eichenblättern und Eicheln in der Hand und einem grünen Mantel um die Schultern.[11]

Diese Grünen Kinder scheinen mich heimzusuchen; sie spuken in meinem Kopf herum. Ich weiß, dass ich zu ihnen zurückkehren, mehr von ihren seltsamen Geschichten und außergewöhnlichen Lebensläufen erzählen muss.

4. Januar

Nach wochenlangem Regen fühlen sich ein paar Stunden Wintersonnenschein himmlisch an.

Die Honywood-Eiche ist inzwischen fast vollständig ihrer Blätter beraubt. Eine Gruppe von Graugänsen kreischt und krakeelt im Matsch, während sie das grüne Gras am See abweidet. Zwei schwarznasige Kanadagänse schreiten entnervt zwischen den lärmenden Graugänsen hindurch wie müde Eltern. Die jugendfrischen Graugänse schnattern und flattern vergnügt herum.

Ich sitze auf der Bank. Eine der übrig gebliebenen Kiefern knarrt hinter mir im Wind wie eine alte Treppe bei Nacht. Das Geräusch wirkt wie ein Echo auf die Rufe der Schwanzmeisen, die weiter hinten unsichtbar durch die Bäume huschen. Von Westen her taumelt ein einsames braunes Blatt durch die Luft. Ein Eichenblatt. Es dreht sich um die eigene Achse, segelt in parabolischen Spiralen nach unten und landet auf dem Laubteppich unter der Honywood-Eiche.

15. Januar

Kälte. Schnee.

Ein Dutzend Distelfinken hockt frierend auf einer jungen Eiche neben der Stelle, wo früher das Gutshaus stand. Ich höre ihre klagenden Rufe, während ich zur Honywood-Eiche hinübergehe.

Gestern Abend fiel bei Einbruch der Dunkelheit Schnee. Große weiße Eierschalenflocken segelten durch die Luft und sammelten sich schnell als helle Schicht am Boden. Auf der Leeseite der Eiche, nach Westen hin, sitze ich mit dem Rücken zum Kutschenhaus. Schneereste bedecken immer noch die Erde ringsum. Aus einem versteckten Wasserhahn hoch oben in der Baumkrone sickert schmelzendes Eis – von der Rinde verfärbte torfbraune Tropfen. Pfennigabsatz-Löcher in der Schneedecke unter dem Schirm der Eiche zeigen, wo der Schnee von den Ästen tropft. Einen Augenblick lang lodert die Nachmittagssonne kräftig auf, wird zu einem prächtigen orangeroten Kreis, dann versteckt sie sich hinter den Wolken jenseits der Kiefern. Ein Schwarm Graugänse durchbricht über mir die Stille und fliegt vor der entschwindenden Sonne entlang, das Licht zersplitternd. Von Norden wälzen sich Schneewolken heran. Etwas seltsam Jenseitiges überwältigt mich, als wäre ich in einer anderen Wirklichkeit gefangen, mitgerissen von einem seltsamen Traum.

—

John Keats sprach in seinem Gedicht »Auf das Sich-Hinsetzen, um nochmals ›King Lear‹ zu lesen« folgende Bitte aus: »Hab ich den alten Eichenwald durchquert, / Gebt, dass ich nicht durch öde Träume schreite«.[12] Die Vorstellung, dass der Wald einen Traumzustand hervorrufe, war nichts Neues. Wälder waren Orte der Kobolde und Geister und Elfen, der Fantasien und Verwandlungen. Schon William Shakespeare hatte das in seinem *Sommernachtstraum* gezeigt. Keats dagegen unterscheidet zwischen »öden« und fruchtbaren Träumen. Beide können durch einen alten Eichenwald ausgelöst werden; der eine ist willkommen, der andere nicht.

In seinem Buch *The Fairy Mythology* von 1828, einer Sammlung von auf der ganzen Welt zusammengetragenen Geschichten über Elfen, liefert Thomas Keightley einen »ansehnlichen Katalog« jener Geisterwesen, die schon in einem älteren Werk von Reginald Scot erwähnt wurden; es trug den Titel *The Discoverie of Witchcraft* (»Die Entdeckung der Hexerei«). Zu diesem Katalog gehört auch eine Gestalt namens *Man-in-the-Oak*; Keightley merkt dazu an, der Mann in der Eiche sei »wahrscheinlich Puck«, und liefert noch ein Zitat als Beleg:

> Er sprach: Kehret eure Mäntel um, denn Pucke geht in diesen Eichen um.[13]

Diese Worte stammen aus dem Gedicht »*Iter Boreale*« von Richard Corbet (1582–1635), einem Bischof, der gelegentlich Verse schrieb. Die Innenseite des Mantels nach außen zu kehren, galt damals als

Schutzzauber gegen Elfen. Den Grund dafür kenne ich nicht, aber auch ein traditioneller englischer Volksreim erinnert an diesen Brauch:

> *Turn your cloak for fairy folks are in old oaks.*
> (»Wende deinen Mantel, denn Elfenvolk sitzt in alten Eichen.«)

Erwähnter »Pucke« ist der Puck aus Shakespeares *Sommernachtstraum*, der in Großbritannien auch Robin Goodfellow oder einfach Robin genannt wird. Wahrscheinlich hatte Shakespeare Reginald Scots *The Discoverie of Witchcraft* gelesen, das erstmals 1584 erschien und im 16. und 17. Jahrhundert sehr populär war. Insofern ist der Puck, von dem wir bei Shakespeare hören, wahrscheinlich eine schelmische Verkörperung von Scots *Man-in-the-Oak*, also eine Neuerfindung der Eichendryaden der britannischen und griechischen Mythologie.[14] Ein paar Jahrhunderte später taucht Puck in Rudyard Kiplings *Puck vom Buchsberg* auf und stellt sich als »das älteste Altwesen in England« vor.[15]

Elfen waren mal boshaft, mal einfach verspielt. Ihre Gegenwart in den alten Eichen war für die Landbevölkerung ständig spürbar. Manchmal wagten sie sich sogar in die Städte vor, solange es dort alte Eichen gab, die ihnen eine Heimat boten. Elsie Innes' Buch *The Elfin Oak of Kensington Gardens* beschreibt das:

> Das winzige Volk der Elfen ist nach London gekommen. Hast du ihr Heim in der alten, alten Eiche in Kensington Gardens gesehen?[16]

25. Januar

Ein schmutzig weißer Himmel spiegelt die Erde. Der Schnee, der am Montagmorgen durch die Dunkelheit fiel, bedeckt immer noch den unebenen Boden. Ich gehe zur Eiche hinüber, vorbei an Kreisen aus Gras und braunem Erdreich, die unter den blattlosen Baumkronen entstanden sind, als Schmelzwasser von kahlen Ästen tropfte.

An der Südseite der Eiche sind ockerbraune Flecken aufgetaucht, in denen Mosaikstreifen aus Eichenlaub liegen. An der Nordseite ist alles weiß. Das Pfennigabsatz-Muster aus Tropfenspuren reicht nicht aus, um die restliche Schneedecke aufzulösen.

Die Eiche ist im Schnee ganz still. Schnee erstickt Geräusche. Alles ist ruhig. Und in diesem Nichts hallt der winzigste Laut umso stärker wider. Ich fege den Schnee von der Bank, um mich für eine Weile hinzusetzen, obwohl die Kälte bald Mark und Bein durchdringt. In diesem tiefen Winter kommt es einem so vor, als wäre die Eiche irgendwie geschrumpft. Ohne Laub und Leben scheint sie sich in sich zurückzuziehen, um zu überleben, reduziert auf einen zentralen Wesenskern, genau wie ein Bienenvolk in den lichtlosen Monaten abstirbt – bis auf eine einzige Königin im Winterschlaf. Und ist es nicht das, was wir alle tun? Im Winter ziehen wir uns tief in unser Inneres zurück, bis uns die Frühlingssonne wieder nach draußen zieht.

Ich fühle, wie meine Finger von den Spitzen her gefrieren, wie meine Zehen vor Kälte prickeln, und staune über das statische Naturell der Eiche in diesem frostigen Land. Menschen sind nicht dazu gemacht, auf demselben Fleckchen Erde stehen zu bleiben. Ich muss mich bewegen. Ich stehe auf und gehe ein Stück, damit die Wärme des Lebens mich weiter durchfließt, stampfe mit den Füßen im Schnee und klatsche in die Hände und gehe mit großen Schritten auf die Nadelbaumpflanzungen im Norden zu, jenseits des Sees, wo der Boden wärmer ist. Ein smaragdgrüner Pfad verläuft unter den Fichten-Statuen. Schneereste liegen als Flecken auf den immergrünen Ästen und in den Brombeerranken, die den Waldboden bedecken. Im Westen miaut ein Bussard. Ich bleibe stehen. Die Geräusche kehren zurück. Ich höre einen Specht klopfen. Dann, wie aus einem längst vergessenen Reich, ertönt von oben ein Chor zart geflöteter Klänge: Wintergoldhähnchen flitzen und flattern durch die Bäume wie Waldgeister. Eines wagt sich auf den Boden hinunter. Nur ein paar Schritte entfernt leuchtet sein satt goldenes Kopfband vor dem Schnee so strahlend wie ein frisch ausgegrabener antiker Schatz. Zwei unterschiedliche Rufe sind zu hören: das laute Pfeifen eines einzelnen, einsamen Vogels und das hellere Zwitschern der übrigen, die einfallen – eine Engelsmusik, die alles verzaubert.

Als ich zur Eiche zurückkehre, sitzt ein Grünspecht unter dem Schirm der Äste auf dem verschneiten Boden und stöbert in Blättern und Schnee; er sucht etwas, irgendetwas, im gefrorenen Boden.

8. Februar

Ein kalter Nordwind zieht nach Süden hinunter. Wintersonne dringt durch einen Zirrushimmel.

Eine Misteldrossel steigt aus den obersten Ästen der Eichenkrone empor, als ich die Brücke am See überquere. Der Schnee ist weg. Das Grün der Nadelbäume ertrinkt im Sonnenlicht. Es gibt Vogelgesang und Zeichen von Leben. Schneeglöckchen bedecken stellenweise die Erde, weiße Teppiche, die jemand auf den braunen Lehm geworfen hat. Eine Singdrossel flötet von der höchsten Baumspitze. Dann hält sie inne. Ein Augenblick der Transzendenz senkt sich herab. In der nachfolgenden Stille liegt ein seltsames Gefühl von Erwartung in der Luft, das weiterzieht und schließlich verschwindet; danach herrscht wahrer Frieden.

Das sind die Momente, nach denen wir suchen. Ich sitze auf der Bank und frage mich, ob das Wahrnehmen dieser Transzendenz daher stammt, dass ich den Wesenskern der Eiche spüre, lebendig und empfindsam wie ein klarer, reiner, atmender Geist, ungestört von anderen. In uralter Erde geboren, hat sich die Eiche im Laufe der Jahrhunderte in den Boden gegraben und ist jetzt hier, auf diesem Flecken Erde, tief verwurzelt. Mit einem Lächeln stehe ich auf. Ich denke darüber nach, was die Essenz des Eicheseins ausmacht. Ich frage mich, ob man in unserer Zeit ein Grüner Mann werden kann. Kann man in eine Eiche treten und zu etwas anderem werden, zu einem Wesen, das von Eichenwissen durchtränkt ist, von Ruhe und Frieden?

Ich wandere zurück zu den Koniferen, auf der Suche nach der Gesellschaft der Wintergoldhähnchen. Ihr Zimbelzwitschern tönt immer noch durch meine Gedanken.

Und da sind sie. Ihre perfekten Engelsgesänge umgeben mich. Das klingelnde Piepen fällt aus den Wipfeln der Fichten herab, klar und deutlich. Darunter, neben mir, knattert ein Zaunkönig seine ungeduldige Botschaft in den Ginster. Über ihm zischen zwei Wintergoldhähnchen in den Doldenkronen der Fichten herum. Ich spähe angestrengt gen Himmel, in die Sonne. Sie sind so klein. Sie schießen durch die kahlen Äste, und ich sehe nur flackernde Schatten im grellen Sonnenlicht. Und dann finden sie zueinander, überschütten sich mit Gezwitscher, zwölf Meter über dem Boden, drehen und wenden sich umeinander und trudeln herab wie Daunenbälle, um schließlich auseinanderzustieben und zu verschwinden.

Wintergoldhähnchen singen zu hören ist, als würde man an einen höheren Ort versetzt. Ich fühle mich körperlich leichter. Als ich in die Freiräume über den Baumwipfeln blicke, spüre ich, wie Freude in mir emporwallt: eine ekstatische Glut, die mein ganzes Sein durchströmt.

26. Februar

Eine halbe Stunde vor Sonnenuntergang. Grauer Himmel. Ein sanfter Ostwind streicht über die buschigen Wipfel der Fichten. Ein Waldschnepfenpaar schießt aus seinem Farnbett hervor und versetzt mir einen heftigen Schock. Ich beruhige mich, horche und belausche ungesehen die zarten Rufe der Wintergoldhähnchen in den Bäumen. Sie klingen wie das Flüstern von Waldelfen.

Ich verlasse den Pfad und trete in den Farn, nachdem ich einen Blick auf einen weißen Vogel erhascht habe, der kreischend über die Nadelbäume jenseits des Bachs emporsteigt. Es muss ein Bussard sein. Aber er war so hell. Wie der Vogel, der über dem Seven Acre Wood herumspukt, nicht weit von meinem Heimatort.

19. März

In der festen Umarmung der Honywood-Eiche sitze ich da und nippe an meinem Tee. Die Sonne, die vor einer halben Stunde kurz auftauchte, um die trübe Erde mit Leben zu übergießen, ist jetzt von grauen Wolken verschleiert. Der Anblick des Sonnenscheins brachte die Gänse dazu, mit offensichtlichem Vergnügen eine Art schnatterndes Lied anzustimmen; unter dem wilden Gequake ertönten die leiseren Rufe der Rotkehlchen, die im Farn herumflatterten. Ich fühle den Frieden, den ich suche. Ich spüre, wie er mich durchtränkt, meinen vom Lärm der Gedanken aufgewühlten Geist beruhigt, die Sorge aus meinem Körper vertreibt.

Die Eiche ist still. Ein Grauhörnchen schiebt sich kopfüber an einem der noch verbliebenen Nadelbäume im Westen herunter. Vor ungefähr einer Woche hat das Gesicht eines Grünen Mannes hoch oben aus dem Schiff der Kirche von Nayland auf mich herabgeblickt. In der rissigen Rinde der Eiche gibt es viele solche Gesichter. Und jetzt ertönt der Chor der Dämmerung. Amseln und Fasane rufen die Nacht herbei.

22. März

Als ich bei der Honywood-Eiche ankomme, ist die Sonne, die den ganzen Vormittag über am Himmel stand, weg. Eine Krähe fliegt von einem der oberen Äste aus nach Süden. Ich trete über die niedrige Holzumzäunung und gehe vorsichtig zur vertrauten Leeseite im Westen des Stammes hinüber, aber die kalt gefiederten Finger des Nordwinds greifen nach mir, obwohl ich mich hinkauere. Der Frühling ist noch nicht da, aber auch nicht mehr weit weg.

Meine Hand auf der Eiche.

Wie erklärt man dieses Gefühl – die Emotion, die aufsteigt, wenn die eigene Hand auf einer uralten Eiche ruht? Was fühlen wir dabei? Vielleicht wissen wir den Wert dieses Kontakts zwischen zwei verschiedenen Spezies, zwei verschiedenen Individuen nicht immer zu schätzen. Wie erklärt man dieses Gefühl, das wir alle kennen: wenn wir als menschliche Wesen die Lebenskraft eines anderen Lebewesens spüren, einer anderen Art?

Am deutlichsten empfinden wir das als Kinder. Wir kennen es beim Streicheln einer geliebten Katze oder beim Tätscheln eines braven Hundes. Aber wir erleben es auch, wenn wir das Rotkehlchen sehen, das täglich an der Futterstelle neben dem Küchenfenster singt. Und ebenso entsteht es, wenn meine Hand die Eiche berührt.

Jemand hat mich neulich auf D. H. Lawrence' Gedicht »*Under the Oak*« (»Unter der Eiche«) von 1916 aufmerksam gemacht:

> Denn ich sage dir:
> Unter dem mächtigen Baum ist meine ganze Seele flüssig,
> Quillt von mir fort als Opferdampf
> Unter eines Druiden Messer. […]
>
> Über mir entspringt blutgeborener Mistelzweig
> Im schattigen Rauch.
> Aber wer bist dú, der hin- und herzwitschert
> Unter der Eiche?[17]

Als ich dieses Gedicht gestern Abend noch einmal las, dachte ich an Robert von Ranke-Graves' Bemerkung über den Zaunkönig als Druiden-Vogel.[18] Ist er es, der bei Lawrence »hin- und herzwitschert unter der Eiche«? Oder hatte er eine menschenähnlichere Gestalt vor Augen, einen flüchtig erspähten Grünen Mann, eine Grüne Frau, ein Grünes Kind?

Ich habe mir auch den Grünen Mann angesehen, der in Shakespeares *Wie es euch gefällt* auftaucht:

> Am alten Eichbaum mit bemoosten Zweigen,
> Den hohen Gipfel kahl von hohem Alter,
> Lag ein zerlumpter Mann, ganz überhaart,
> auf seinem Rücken schlafend […].[19]

Die Gestalt wird von jemandem gefunden, der Orlando heißt. (Virginia Woolfs Romanheld Orlando hätte wahrscheinlich eher selbst unter der Eiche gelegen.) Shakespeares Grüner Mann entpuppt sich als Orlandos Bruder Oliver. Eine weitere Verwandlung im Eichenwald.

—

Ich lehne mich auf der Bank zurück; die Sonne brennt auf meine schwarze Hose, bis sie glüht. Es ist die erste derartige Hitze des Jahres. Der Sonnenschein hat einen frühen Käferschwarm hervorgelockt – schwarz glänzend und nur zwei oder drei Millimeter groß. Vielleicht sind es diese Käfer, die die Wintergoldhähnchen in den Kiefernwipfeln über meinem Kopf fressen.

Etwas bewegt sich. Die Jahreszeit wechselt. Der Winter entfernt sich, verbannt. Wärme und Sonnenschein füllen jetzt den Tag. Und während ich dies schreibe, spaziert ein einsamer schwarzer Käfer über die kahle Wüste der Seite. Ein zweiter landet, faltet seine transparenten Flügel ein und wagt sich ebenfalls über die hellen Weiten meines Notizbuchs.

Also stehe ich auf und gehe in nördlicher Richtung am Seeufer entlang bis zum Kiefernwald, auf der Suche nach dem sanften Sirren der Wintergoldhähnchen.

25. März

Mariä Verkündigung. Der Geburtstag meines Vaters.

Schneebedecktes Land.

Ich komme ungefähr eine Stunde vor Sonnenuntergang an. Alles ist still. Wieder hat der Frühlingsschnee alle Geräusche erstickt und das Land, die gerade ergrünende Erde, weiß überzogen. Der Winter ist zurück. Die Eiche steht wie erstarrt.

An der Eiche bläst der Wind aus Nordosten. Ein Häher fliegt nach Westen, als ich näher komme, und landet auf der Spitze einer Fichte.

Er leitet meinen Blick zu dem Nadelwäldchen, wo ein blasser Engel durch die Bäume fliegt, über dem Farnkraut schwebend: eine Schleiereule, die schon früh unterwegs ist. Ihr Anblick verzaubert mich sofort, wie immer – eine Vision, die den Atem in der Kehle stocken lässt und die Zeit anhält.

Die meisten Eichen werden von Eichelhähern ausgesät. Irgendwo habe ich gelesen, dass laut einer Studie jeder dieser Vögel bis zu fünftausend Eicheln pro Jahr vergräbt – er trägt seinen Namen zu Recht. Sein schlechtes Gedächtnis sorgt dafür, dass die riesige Menge vergrabener Eicheln nicht als Futter dient, sondern zu Eichensämlingen heranwächst.

Thomas Hardy beschreibt in seinem Gedicht »*Domicilium*«, wie

> eine Eiche sich erhebt aus einem Kern,
> gestreut von einem Vogel hundert Jahr' zuvor.[20]

Hardys Vogel war zweifellos ein Eichelhäher.

Ich sitze im Windschatten der Eiche. Hoch über dem Nadelwald schreit ein Specht. Ich schaue zu, wie er nach Westen weiterfliegt. Fünfzehn Minuten bis zum Sonnenuntergang. Ein transparentes, vogeleiblaues Stück Himmel hängt im Süden, eine Öffnung in den grauen Wolken. Mir ist es zu kalt zum Sitzen, also stehe ich auf und gehe herum. Ich trete kurz unter eine Baumgruppe. Alles flieht vor dem Menschen. Auf dem smaragdgrünen Pfad meine ich einen Hasen gesehen zu haben. Aber das Licht lässt nach, und es ist schwer, Wirkliches von Unwirklichem zu unterscheiden. Ich kehre zur Eiche zurück und sitze wieder an der südöstlichen Leeseite, Rücken an Rücken mit dem Baum. Von Norden ertönt der gurrende Ruf eines Bussards, der noch spät unterwegs ist und seine Kreise über den Baumwipfeln zieht, eingerahmt von den Geraden der Koniferenstämme. Mal sehe ich ihn. Dann wieder höre ich ihn nur.

Die Sonne geht unter.

Den ganzen Tag schon zerrt die Erinnerung an meinen Vater und seinen Geburtstag an mir. Heute wäre er vierundsiebzig geworden. An diese alte Eiche gelehnt, denke ich an ihn. Heute fühlt sich der Raum unter der Honywood-Eiche heilig an. Ich kann mich deutlicher an meinen Vater erinnern. In Gegenwart der Eiche wird mein Gedächtnis klarer. Eine Zeit lang ist er wieder bei mir; ich atme sein Andenken ein und fühle mich glücklich.

Grauer Tundrahimmel. Zwei Graugänse mit orangefarbenen Schnäbeln fliegen nach Osten. Um diese Tageszeit verstummen die Vögel in ihren Nestern. Es wird Zeit, dass ich heimkehre zu meinem. Zeit, nach Hause zu kommen und einfach am Feuer zu sitzen. Ich lehne mich vor ins dunkler werdende Zwielicht.

2. April

Sonne. Eiskalter Nordostwind.

Als ich durch das Tor trete, kurvt ein Specht durch die Eschen im Süden und landet plötzlich; sein rotes Gefieder leuchtet in der Frühlingssonne. Auf dem Weg zur Brücke am See liegt eine Opfergabe: ein einzelnes weißes Gänseei. Ich schaue mich um, kann aber nicht feststellen, wem das Ei gehört. Eine Graugans quakt.

An der Eiche hat ein Mord stattgefunden. Ein Fächer aus weißen Federn zittert im Wind, nur wenige Schritte von der Eiche entfernt. Ein Fuchs. Gestern Nacht oder in der Nacht zuvor. Und nun ist eine Taube nicht mehr unter uns. Ich umkreise die Beute mit forensischem Blick, dann wende ich mich der Eiche zu und untersuche eine Stelle, an der sich die Rinde abgelöst hat. Hellgelber Schleim verstopft eine Reihe winziger, nadelfeiner Löcher. Der Nordostwind bläst klare Kälte durch die Reihen der Linden und lässt die Mistelkugeln in den Baumwipfeln erzittern. Meine Finger sterben ab. Ich kuschele mich in die Südwestnische, schüttele den kalten Wind ab und wende mich der Sonne zu, als ein Sperber über den Himmel gleitet, in Richtung Norden über die Kiefern, und dann nach Osten abbiegt – ein scharfer Schnitt durch den Himmel, der hinter dem See nach unten verschwindet.

Ein Specht hämmert irgendwo vor der Sonne. Ich sehe einen Schatten vor dem Licht, einen dunklen Umriss, kann aber nicht mehr erkennen. Im Norden hallt der Ruf eines Hähers, kehlig wie das Bellen eines Hirsches.

Es fühlt sich so gut an, einfach zu *sein* wie die Eiche. Statisch und doch scheinbar im Zentrum eines auf mich und den alten Baum zukreiselnden Naturgewimmels. Ich kann die Rufe der Schwanzmeisen hören, obwohl ich sie nicht sehe.

Ich setze mich hinüber auf die Bank, die jetzt einen neuen Platz im Norden der Eiche hat, mit Blick auf den See, die Eibe, die Gutsgebäude. Eine Krähe hat das Gänseei erspäht. Als ich mich umdrehe und wieder hinschaue, hat sie das Ei im Schnabel und trottet langsam durch die Wiesengräser in den Schutz der Eibe. Die Uhr ist umgestellt worden. Die zusätzliche, von sanftem Sonnenlicht durchflutete Tagesstunde kommt mir vor wie ein Segen.

Die Zeit vergeht.

—

Noch am gleichen Tag treffe ich mich mit Jonathan, den ich länger nicht gesehen habe. Wir fahren zusammen zu einer Eiche, die er die »Constable-Eiche« nennt, draußen an der Allee, die vom Kutschenhaus aus nach Süden führt. Er will mir etwas auf der Rinde zeigen.

»Normalerweise sind sie auf Augenhöhe«, erklärt er.

Dort sind sie tatsächlich. Er zeigt auf ein D-förmiges Loch in der Rinde, etwa einen Meter achtzig über der Erde, dann auf ein zweites.

»Die Sargnägel«, sagt Jonathan.

Sie sehen tatsächlich aus wie die Löcher, die altertümliche Nägel beim Hineinhämmern in der Eiche hinterlassen würden. Jedes von ihnen ist das Austrittsloch eines Zweipunktigen Eichenprachtkäfers.

Diese Käfer graben sich ihren Weg durch die Rinde ins Splintholz und tragen so Krankheiten in die bereits geschwächte Eiche. Jonathan starrt hinauf zu dem verkümmerten Hirschgeweih, das die Krone des Baumes darstellt. Er sagt nichts mehr, aber es ist klar, dass er sich um den Baum sorgt. Es sind keine offensichtlichen Zeichen einer Infektion zu sehen, keine nässenden, auf Krankheiten hinweisenden schwarzen Geschwüre oder Schleimfluss. Wir spähen in die Löcher und sehen, dass ihre Ränder eher verwittert als scharfkantig und frisch sind, was Jonathan ein wenig beruhigt. Es sind alte Löcher.

Wir verabschieden uns von der Constable-Eiche und fahren über die Wege des Landguts zurück, über die Brücke am See zur Honywood-Eiche. Sie wird prachtvoll von der Frühlingssonne umrahmt. Ich springe vom Lieferwagen. Jonathan möchte noch etwas aus dem Kutschenhaus holen und kommt kurz darauf mit einem weißen Tuch zurück, das er so perfekt zeremoniell unter einem der unteren Äste der Eiche auslegt, als wäre er ein druidischer Priester. Und dann – ein weiterer Nachhall uralter heidnischer Rituale – schüttelt und schlägt er den Ast, während ich neben ihm stehe und zuschaue, wie eine Kollektion von Kleintieren und Insekten herabfällt und sich in den hellen Falten des Tuchs sammelt.

Er hält inne. Wir knien nieder und beugen uns vor, um unsere Schätze zu begutachten. Einer ist eine rundbäuchige Spinne, deren birnenförmiger Leib im genau gleichen Smaragdgrün leuchtet wie das junge Eichenlaub. Sie ist nur eine der vielen Tausend Arten wirbelloser Tiere in Großbritannien, die auf Eichen angewiesen sind. Mehr als jede andere Baumart liefert die Eiche Nahrung, Schutz und eine Fülle verschiedener Lebensräume für riesige Mengen von Spinnen, Milben, Hundertfüßern, Käfern, Asseln, Ameisen und unzählige andere Kleintiere. Jeder alte Eichenbaum bietet Populationen solcher wunderbaren Kreaturen über Hunderte von Jahren hinweg einen stabilen, sicheren Lebensraum. Manche bevorzugen die Laubstreu, andere die Rindenfurchen, und viele weitere verbringen ihr

Leben in der modrigen Welt der Braunfäule, des verrottenden Kernholzes, das entsteht, während die Eiche altert.[21] Vor uns krabbelt nur ein Bruchteil, ein winziger Ausschnitt des reichen Insektenlebens, das der Baum beherbergt. Wir schauen sie an. Es gibt Eichelbohrer, Rotbauchige Laubschnellkäfer und Maikäfer, aber zum Glück keine Zweipunktigen Eichenprachtkäfer, was uns erleichtert. Jedes dieser Lebewesen wandert über die weißen Weiten des Tuchs, schutzlos in der Leere, plötzlich in eine Wüstenlandschaft versetzt, um dort eine Weile vollkommen nackt und verwirrt herumzuirren. Wir heben sie vorsichtig einzeln hoch und schauen mit Gulliver-Augen zu, wie sie über unsere Haut krabbeln. Dann setzen wir sie zurück in die schützende Heimat der Eiche.

—

Die Begegnung mit der Constable-Eiche erinnert mich daran, wie viele Künstler Eichen geschätzt haben – keiner von ihnen mehr als Jacob George Strutt. In seinem gehwegplattengroßen Prachtband *Sylva Britannica* von 1822 präsentierte Strutt »Porträts von Waldbäumen, die sich durch ihr Alter, ihre Größe oder ihre Schönheit auszeichnen«. Jeder einzelne wurde vom Verfasser »nach der Natur gezeichnet und gestochen«. Die meisten der Zeichnungen zeigen Eichen. In seinem Begleitkommentar wird Strutts Begeisterung für Eichen offensichtlich:

> Die Eiche, gleichermaßen bewunderungswürdig für ihre Schönheit wie für ihre Nützlichkeit, wurde immer schon als Zierde des Waldes gepriesen; man könnte sie als unbestrittene Herrscherin über alle Bäume betrachten, was ihre Bedeutung und ihre Langlebigkeit angeht.[22]

Strutt zitiert historische Quellen und erläutert, dass »die Eiche bei den Griechen, Römern, Galliern und Briten als heilig galt« und »ihr gesegneter Schatten den heiligsten Zeremonien der Druiden geweiht war«. Indem er eine direkte Linie von den Druidenbräuchen der Vergangenheit zu seiner eigenen Ehrfurcht gegenüber Eichenveteranen zieht, konstatiert Strutt stolz, dass »deren Nachkommen ihr kaum weniger Verehrung entgegenbringen«.[23]

Eines seiner Motive ist eine große Eiche im Salcey Forest, Northamptonshire, die mit einem Umfang von ungefähr vierzehn Metern nach den Berechnungen eines gewissen Mr. H. Rooke, Esq. F.S.A., »nicht weniger als fünfzehnhundert Jahre alt sein kann«. Strutts Radierung zeigt den riesigen, hohlen Stamm einer Eiche, neben dem ein Hirsch mit eindrucksvollem Geweih liegt, geschützt vom gesunden, grünen Blätterdach des immer noch sehr lebendigen Baumes.[24]

Im ersten Band seiner *Remarks on Forest Scenery and Other Woodland Views* (»Bemerkungen zu Forstlandschaften und anderen Waldansichten«, 1791) pries William Gilpin weitere majestätische Qualitäten der Eiche:

> Wir sehen die Eiche nur selten eine vom Wind verdrehte Form annehmen wie andere Bäume. In der Regel bewahrt sie ihre Balance, die zu den großen malerischen Schönheiten jedes Baumes gehört.[25]

Ob kraftvoll und aufrecht oder alt und knorrig – die Eiche genoss stets höchsten Respekt.

In Großbritannien dient die Eiche seit Langem als Symbol nationaler Identität. Der Ausdruck *heart of oak*, das »Herz aus Eiche«, steht für den starken Kern dieses Baumes, den Großbritannien als typisch für das Naturell seiner Bürger ansieht. Eine Eiche hat sogar einen englischen König gerettet.

Im September 1651, nach seiner Niederlage in der Schlacht von Worcester, floh Charles II. mit dem königstreuen Oberst William Careless auf das Landgut Boscobel House in Shropshire. Weil dieser das

Haus nicht sicher genug fand, versteckten sich die beiden tagsüber auf einer nahe gelegenen alten Eiche. In seinem Buch *Arbores Mirabiles* griff Joseph Taylor die Geschichte 1812 auf:

> Während der König und der Oberst auf dem Baum saßen, traf es sich, dass ein Trupp feindlicher Kavalleristen, zur Durchsuchung des Hauses ausgesandt, pfeifend und plaudernd die Straße entlangkam. Als sie gerade unter der Eiche entlangritten, flog eine Eule aus einem Nachbarbaum hervor und flatterte über den Boden, als wäre einer ihrer Flügel gebrochen; die Soldaten verfolgten sie freudig und unternahmen keine nähere Untersuchung der Umgebung.[26]

Taylor lieferte auch eine Übersetzung der lateinischen Inschrift auf der Gedenktafel aus Messing, die an dem – später *Royal Oak* genannten – Baum angebracht wurde:

> Des Jupiter Freund ist die Eiche.
> Diesen glückbringenden Baum ließ
> Zum Schutze des
> mächtigsten Königs Charles II.
> Gott der Beste und Größte
> nach Seinem Willen hier wachsen.[27]

Die *Royal Oak* wurde bald zur Attraktion für Touristen, die dem Baum Rinde und Äste als Souvenirs raubten – und damit wenig später auch das Leben.

In der britischen Marinegeschichte wurde der Begriff der »Herzen aus Eiche« nicht nur für die Schiffe verwendet, die das britische Weltreich sicherten, sondern auch für die Seeleute, die auf ihnen segelten. Ein Beispiel dafür ist der Refrain von David Garricks Text zur Oper *Heart of Oak* aus dem Jahr 1759:

Heart of oak are our ships,
Heart of oak are our men;
We are always ready;
Steady boys, steady […].

(»Herz aus Eiche unsere Schiffe,
Herz aus Eiche unsere Männer;
Wir sind stets bereit;
standhafte Jungs, allezeit […].«)

Und die britischen Schiffe waren in der Tat aus Eiche. Immer schon. Die ausgehöhlten Eichenkanus der Steinzeit hatten sich zwar weiterentwickelt, aber ihre Nachfolger waren bis vor ungefähr hundert Jahren immer noch aus Eiche. Horatio Nelsons Schiff, die *Victory*, führte 1805 die Seeschlacht von Trafalgar an, die zu Napoleons Niederlage beitrug; sie war aus ungefähr sechstausend Bäumen erbaut, davon neunzig Prozent Eichen.[28]

Wenn Boote oder Schiffe außer Dienst gestellt wurden, verwendete man die zurechtgeschnitzten, gebogenen Eichenbalken, aus denen sie bestanden, noch einmal – als Tragwerksgerippe für Häuser im ganzen Land. Mein eigenes Cottage, das irgendwann im 16. Jahrhundert für Landarbeiter erbaut wurde, besteht aus Eichenbalken, deren seltsame Löcher und Verbindungen von ihrem früheren Leben erzählen, als Teile ihrer vorgehenden Inkarnation, in der sie die Weltmeere umsegelten.

Die Geschichte der Eiche im Schiffbau zeigt, dass sie dort erst seit ungefähr hundert Jahren keine absolute Notwendigkeit mehr darstellt. Ebenso ist Eichenholz, genau wie Holz ganz generell, kein lebenswichtiger Brennstoff zum Heizen unserer Häuser mehr. Seit recht kurzer Zeit spielen Eichen also keine entscheidende Rolle mehr in unserem Alltagsleben.

8. April

Früher Nachmittag.

Von Nordosten bläst immer noch ein kalter Wind, deshalb kauere ich mich an die Südwestseite des Baumes und spähe in die Risse eines Stücks Eichenrinde, das von der Höhe herabgefallen ist. Ich wende mich wieder dem lebenden Stamm zu und fange an, wie ein Baumläufer um ihn herumzuschleichen, ihn im Uhrzeigersinn zu umkreisen und dabei die Haut des Baumes an meiner eigenen zu fühlen.

Die Veränderungen in der Eichenrinde sind spürbar – an manchen Stellen ist sie hell und spannt sich fast wie bei einer Buche über die Narben ehemaliger Äste, die den Jahren und Jahreszeiten zum Opfer gefallen sind. Meine Finger streichen über die rauen Rippen des Eichenmantels. Nach Osten hin liegt ein Stück des Bauminneren frei. Vermodertes Holz rieselt aus dem vernarbten Loch eines vor langer Zeit abgefallenen Astes. Ich sammele ein wenig von dem getrockneten Baumfleisch ein; es liegt leicht in der Hand und ist mit einer Komplexität geschichtet, die nur aus der Nähe wahrnehmbar ist. Auf der Suche nach Käfern und anderen Insekten spähe ich in das Loch.

An den äußeren Astspitzen der Eiche beginnen die Knospen, braune Köpfe zu bilden, schuppig wie Eidechsenhaut. Vorboten des Frühlings. Ich krieche an die Ostseite, wo ein alter, ledriger Pilz am Boden liegt, und denke darüber nach, wie seltsam es ist, dass ich ihn nie zuvor bemerkt habe. Ich greife hinter ihn, wo eine teerige Substanz aus einer schwarzen Wunde rinnt; die Eiche hat eine bakterielle Infektion. Und darüber erscheint in den Windungen der Rinde das lächelnde Gesicht eines Grünen Mannes, das auf meines herunterspäht.

16. April

Endlich Frühling.

Narzissen wie Fackeln am Straßenrand.

Prächtige Farbkleckse aus Primeln.

Wolken wie aus einem Magritte-Bild treiben von Süden heran, von einer frischen Brise gebeutelt. Das letzte Mal, dass ich im Windschatten der Eiche saß, scheint in meiner Erinnerung Ewigkeiten her zu sein, obwohl seither keine zwei Wochen vergangen sind. Bei den Jahreszeiten hat ein Wachwechsel stattgefunden. Ruhige, warme Frühlingsluft hat die kalten Winterwinde abgelöst, die aus dem Nordosten wehten.

Von der Spitze der Eiche aus ruft ein Buchfink mit seinem selbstsicheren Gesang alle herbei. Eine Antwort ertönt vom See her, und er ist weg. Ein flatterndes Lied tropft von drei Distelfinken herab, die Richtung Süden fliegen. Und der Buchfink ist wieder zurück, jetzt allerdings schweigend, und fängt hin und wieder eine Fliege zwischen den Fingern der fernen Zweige.

23. April

Die Frühlingssonne bringt Frühlingsgeräusche.

Das Brummen einer Hummel ist zu hören – eine aus ihrem langen, tiefen Winterschlaf erwachte Gyne oder Jungkönigin, die bald zu den diesjährigen Hummelköniginnen gehören wird. Sie ist gerade von der Sonne geweckt worden und zischt durch die Luft vorbei, auf der Suche nach einer neuen Heimat.

Ein Zilpzalp ruft seinen eigenen Namen. Auf dem Weg zur Honywood-Eiche komme ich an Paaren sich putzender Graugänse vorbei. Die Luft ist erfüllt vom Frühlingssonnenschein. Die Zeit vergeht so sanft, wenn man unter diesen Zweigen sitzt. Am Rand der Eiche stakst ein Fasan mit unendlicher Vorsicht herum. Eine Heckenbraunelle hüpft durch die Mulchspäne am Boden und flieht dann in die Brombeeren, wo sie mit dem schattigen Hintergrund verschmilzt. Ein Bussard erhebt sich ohne Eile in größer werdenden Kreisen über die Bäume nach Norden.

Die Erde unter der Eiche ist weich. Ich lege mich hin und schließe die Augen. Ringsum murmelt der Frühling. Mir ist, als dürfte ich schlafen, während alles erwacht.

26. April

Drei Tage später kehren die eisigen Winde aus dem Norden zurück und bringen Schwaden kalten Regens. Ich sitze unter dem immergrünen Dach der Eibe am See und beobachte die Aprilschauer. Die Graugänse sind vom See weggewandert. Zwei von ihnen stöbern und stochern am Fuß der Eiche herum, auf der Suche nach Delikatessen im rindenbestreuten Boden. Windstöße schütteln die Wipfel der Nadelbäume und das heckenartige Grün oben in der Eiche. Die Böen jagen über den See und zerren an der Wasseroberfläche, bis sie sich kräuselt.

Eine Stunde später berühre ich den ersten Hauch grüner Blätter; er ist gerade an den Spitzen der Eichenzweige erschienen, wo vor einer Woche nur braune Knospen waren. Über mir ertönt das zischende Zirpen einer Blaumeise, die ich, auf der hölzernen Umzäunung lehnend, beobachte. Dann ist sie weg. Und eine Minute später erscheint der gleiche Vogel wieder, im schwarzen Rund eines Loches an der Ostseite der Eiche. Es ist so eng, dass kein Eichhörnchen hineinkriechen kann, und damit vielleicht der perfekte Nistplatz.

In wenigen Wochen wird der Baum vor Raupen wimmeln – dem Lieblingsessen von Blaumeisenküken. Ich treffe Jonathan Jukes an der Eiche, und er erzählt mir, dass diese Vögel eine präzise Zeitplanung betreiben: Sie lassen das Schlüpfen der Jungen genau zeitgleich mit dem Auftauchen eichenliebender Raupen stattfinden, beispielsweise denen des Eichenwicklers (*Tortrix viridana*), die jedes Frühjahr schlüpfen und die frischen grünen Triebe des Baumes abfressen.

»Das ist ein empfindliches Gleichgewicht. Wenn die Blaumeisen in einem Jahr den Zeitpunkt nicht genau treffen, kann ihr Bestand zusammenbrechen«, erklärt er. »Und wenn keine Blaumeisen die Raupen fressen, verlieren die Eichen einen Großteil ihrer neuen Blätter. Im schlimmsten Fall können Eichen von einer plötzlich explodierenden Raupenpopulation vollkommen kahl gefressen werden.«

Die Ökologie jeder einzelnen Eiche ist fein ausbalanciert. Unter den Tausenden wirbelloser Tiere, die sich auf Eichen ihr Futter suchen, sind Wicklerraupen nur eine von vielen Arten, die das Gleichgewicht stören können. In manchen Jahren haben Raupenplagen dramatische Folgen, nicht nur für die Eichen selbst, sondern auch für alle anderen Lebewesen, die von ihnen abhängen. Im Frühling des Jahres 1785 klagte Gilbert White, Dorfpfarrer in Selborne und Urvater des britischen *Nature Writing*, über genau diesen Vorgang: »Die meisten unserer Eichen sind ihrer Blätter beraubt ... Sie wurden von den Raupen eines kleinen Nachtfalters verwüstet.«[29]

30. April

Frühlingssonne. Fetzen weißer Wolken.

Grüne Blätter entfalten sich. Die frischen Triebe der Rosskastanien in der Allee, die durch den hinteren Teil des Landguts führt, spreizen sich wie behandschuhte Finger.

Auf der Eiche ist das erste grüne Geflimmer zwischen Strähnen von Spinnweben gewachsen. Blaumeisen huschen herum. Ich beobachte zwei von ihnen, die sich in engen Kreisen um den riesigen abgesägten Nordast herum jagen. Sie verschwinden im Dunkel eines Rindenlochs. Im Mulch darunter liegt eine weiße Eierschale, die nicht ihnen gehört.

—

Ich treffe mich mit Chris Gibson und seiner Frau Jude in ihrer Wohnung, die perfekt ins Dach eines umgebauten Hafengebäudes in Wivenhoe eingepasst ist, mit Blick über die Flussmündung des Colne. Vier Etagen über dem Flussufer sehen sie die Sonne durch das eine Fenster auf- und durch ein anderes untergehen. Chris ist Naturschützer und seit Kurzem im Ruhestand. Einen Großteil seines Arbeitslebens lang war er für die Naturschutzverbände *Natural England* und *English Nature* tätig. Jude ist eine Expertin, was winzige Käfer anbelangt. Die beiden haben mich eingeladen, um bei einer Zwiebelsuppe über Eichen zu reden.

»Es gibt die Theorie, dass unsere Verbindung zu Eichen schon seit prähistorischen Zeiten besteht«, höre ich mich sagen, »weil Eicheln bei Hungersnöten als Basisnahrung dienten. Als wir das Steinzeitleben – Jagen und Sammeln – allmählich aufgaben und das erste Getreide anbauten, waren Eicheln eine verlässliche Nahrungsquelle, selbst wenn alles andere schiefging.«

»Man kann sie selbstverständlich verwenden«, stimmt Chris zu. »Sie enthalten Stärke, man kann also Brot daraus backen. Allerdings voller Tannin. Aber eingeweicht und gemahlen ergeben sie Mehl.«

»Ist allerdings ziemlich mühselig«, spekuliere ich.

»Natürlich kann man sie auch an Tiere verfüttern«, ergänzt Jude.

»Mir kam es immer so vor«, sagt Chris, »als hätten Menschen eine spirituelle Verbindung zu Eichen, die schwer zu erklären ist.«

Ich weiß, was er meint.

Die Suppe ist fertig, aber wir reden weiter über Eichen. Über Plinius den Älteren und seine Beschreibung von Druiden in Britannien, die mit goldenen Sicheln Misteln aus den Eichen schneiden. Wir unterhalten uns darüber, dass in Dodona und anderen heiligen Stätten im antiken Griechenland Eichen im Herzen der Tempelbezirke gepflanzt und gehegt wurden. Ich erzähle Chris und Jude, dass ich mich eine Woche zuvor mit einer syrischen Bekannten getroffen habe, die Alawitin ist – also einer Religionsgemeinschaft des schiitischen Islam angehört – und mir bei einer Tasse Kaffee erklärte, dass die Eiche auch in ihrem Glaubenssystem fundamental sei. Im Zentrum jedes alawitischen Friedhofs stehe eine Eiche, genau wie in Heiligtümern im Freien. Dabei hatte ich mich gefragt, ob es eine Art Kulturaustausch zwischen diesen Stätten an der syrischen Mittelmeerküste und den Eichenbräuchen im alten Griechenland gab.

»Schließlich liegt Griechenland ja gleich um die Ecke«, sage ich.

Chris nickt begeistert. Das ist auf jeden Fall plausibel. Vernünftigerweise fügt er hinzu, dass Eichen auch als Symbol der Langlebigkeit gedient haben könnten, genau wie die Eiben an vielen britischen religiösen Stätten, nachdem sie oft schon Jahrhunderte vor Ankunft des Christentums an heidnischen Orten gepflanzt worden waren.

»Könnte gut sein«, stimme ich zu.

»Oder es war einer von diesen Kulturtransfers«, stellt Chris fest. »Oder ein wenig von beidem.«

Jude hat netterweise ein paar Bücher ausgegraben, die ich mir ansehen soll. Das eine ist ein dickes Kompendium über symbolische und rituelle Pflanzen in Europa. Das Buch wiegt eine Tonne. Ich blättere die Seiten durch. Es ist ziemlich faszinierend, weil es von der Universität Gent in Belgien veröffentlicht wurde und eine kontinentaleuropäische Perspektive auf diese Themen bietet.

»Ich würde gern noch mehr über andere kulturelle Verbindungen zu Eichen herausfinden«, erzähle ich. »Wie bei dem Treffen mit dieser syrischen Freundin letzte Woche. Weil wir glauben, dass die Eiche für uns Briten besonders bedeutsam ist …«

»Genau. Wir glauben, sie ist unser Baum«, ergänzt Jude. »Aber wenn du nach Deutschland kommst, haben sie dort ähnliche Vorstellungen von Eichen und nationaler Identität.«

Ich denke an die Donar-Eiche, die dem Gott Thor geweiht war und in Hessen wuchs, wo der angelsächsische Missionar Bonifatius sie angeblich im achten Jahrhundert fällen ließ. Bald sind wir wieder bei der Eichenverehrung auf der gesamten Nordhalbkugel – oder eigentlich überall auf der Erde, wo Eichen gedeihen. Ich erinnere mich, irgendwo gehört zu haben, dass es über sechshundert Eichenarten auf der Welt gibt.

In Großbritannien gibt es zwei einheimische Arten – die Stieleiche, die bei uns »Englische Eiche« genannt wird (*Quercus robur*), und die Traubeneiche (*Quercus petraea*). Wie die meisten britischen Eichen ist die Honywood-Eiche eine Stieleiche. Das starke Holz dieser Eichen war entscheidend für den britischen Schiffbau und damit für die Entwicklung des britischen Empires. Jahrhundertelang hieß die Stieleiche bei uns auch *naval oak*, »Schiffseiche«.

»Herzen aus Eiche«, sagt Jude.

Chris und ich nicken.

Wir sind mit der Zwiebelsuppe fertig und setzen uns gemütlich aufs Sofa. Als wir zu den Eichen zurückkehren, landen wir wieder bei der Honywood-Eiche. Ich erzähle die Geschichte von den Eichen auf Marks Hall.

»Sie war nur eine von dreihundert uralten Eichen, die dort bis in die 1950er-Jahre wuchsen«, erkläre ich.

Aber Chris kennt die Geschichte besser als ich.

»Bis sie alle fällte«, sagt er.

Ich bin nicht sicher, ob ich weiß, was er meint, spreche aber trotzdem weiter.

»Sie wurden aus Geldgier geschlagen.«

Chris kennt eine andere Version der Geschichte.

»Und aus Hochmut«, stellt er fest. »So habe ich es zumindest verstanden.«

Ich bin ganz Ohr.

»Als Thomas Phillips Price starb«, fährt Chris fort, »war seine Frau extrem verärgert über seine Untreue zu Lebzeiten. Nun, er hatte seine Eichen geliebt, und deshalb ließ sie nach seinem Tod ihren Zorn an den Eichen aus und sagte: ›Haut sie um. Ich nehme das Geld.‹«

Diese Geschichte höre ich zum ersten Mal. Chris kann sich nicht erinnern, wann oder wo er sie gehört hat. Die Erzählung von Mrs. Price' Rache könnte von allen möglichen Leuten stammen.

»Vielleicht würde es sich lohnen, das weiterzuverfolgen«, meint Chris.

Das tue ich. Einige Zeit später spreche ich Jonathan auf die Sache an. Er und Chris sind alte Freunde.

»Das ist nur ein Gerücht«, sagt er. »Es gibt keine Beweise für diese Geschichte. Die gängige lokale Legende, wenn du so willst, lautet, dass sie dachte, sie würde nach Phillips Price' Tod das Landgut erben. Als dem nicht so war, nahm sie irgendwie Rache; dazu gehörten das

Abholzen der Bäume und die Exhumierung einer früheren Mrs. Price, die sie vom hiesigen Friedhof nach Colchester umbetten ließ.«

»Genau«, sage ich.

»Aber es gibt keinen Beweis dafür, dass sie aus Bosheit handelte«, schließt Jonathan.

Es ist eine weitere Variante der Geschichte, die auch Chris gehört hat – Tratsch über die Fällung der Honywood-Eichen.

Tatsächlich war Chris Mitte der 1980er auf den Ländereien von Marks Hall tätig.

»Ich arbeitete für *Natural England* und überredete die Forstverwaltung dazu, ein paar der Koniferen zu fällen, die anstelle der Eichen gepflanzt worden waren.«

Er erklärt, dass es in den Wäldern von Marks Hall bis in die 1960er-Jahre eine bemerkenswerte Schmetterlingspopulation gegeben habe, und berichtet, wie er zur Rückkehr von Arten wie dem Senfweißling (*Leptidea sinapis*) und dem Kaisermantel (*Argynnis paphia*) auf das Landgut beitrug.

»Und wenn Mrs. Price ihre dreihundert Eichen in Ruhe gelassen hätte …«, beginne ich.

Chris seufzt vernehmlich.

»… hätten die Schmetterlinge dann überlebt?«

»Gut möglich«, meint er.

Aber der Verlust der Schmetterlinge in den 1950ern war nur ein Teil eines umfassenderen Artensterbens bei Waldtieren und -pflanzen, das nach dem Ersten Weltkrieg einsetzte, als überall in England die Waldbewirtschaftung nachließ. Den Verwaltern war buchstäblich durch den Krieg der Garaus gemacht worden.

»Weniger Bewirtschaftung bedeutete weniger Niederwald, das bedeutete weniger Futterpflanzen, und das bedeutete Schmetterlingssterben.«

Hätte es die dreihundert alten Eichen von Marks Hall damals noch gegeben, wären sie zu alt gewesen, um noch viel Bewirtschaftung zu brauchen; sie hätten allenfalls das Entfernen allzu schwerer Äste benötigt und vielleicht ein wenig Schutz, um das Festtrampeln der umliegenden Erde zu verhindern.

»Noch etwas Interessantes an Eichen ist, dass sie angeblich mehr Lebensformen unterstützen als jede andere Baumart«, sagt Jude. »Ist das wahr?«

»Das stimmt tatsächlich«, antwortet Chris. »Aber es ist nicht ganz so einfach. Für manche Arten ist die Eiche nicht ideal. Nimm zum Beispiel die Flechten. Flechten können auf Eichen wachsen und kommen dort auch oft vor, aber durch ihren Tanningehalt ist Eichenrinde sauer, deshalb gibt es auf ihr nicht so viele Flechten wie auf anderen Baumarten. Bergahorn hat viel weniger saure Rinde und viel mehr Flechten.«

»Und Sachen wie diese Galläpfel sind unglaublich«, sagt Jude. »Offenbar gibt es über fünfzig verschiedene Pflanzengallen, die auf Eichen wachsen.«

Sie spricht von den unterschiedlichen kleinen runden Auswüchsen, die sich an den Zweigen, Wurzeln und Blättern von Eichen bilden, als Reaktion des Baumes, wenn bestimmte Insekten, insbesondere kleine Gallwespen, die Haut des Baumes durchstechen und ihre Eier hineinlegen. Weil der Saftfluss an der Wunde unterbrochen ist, bildet sich eine Schutzschicht um das Ei, während die von der Eiche produzierten Tannine eine Entzündung hervorrufen. Die Schwellung wächst allmählich zu einer Galle heran. Die bekannteste Form sind braune, murmelgroße Kugeln, die an Eichenzweigen sitzen; jede von ihnen enthält ein Gallwespenei. Es gibt viele weitere Arten von Gallen – Galläpfel, Knoppergallen, Artischockengallen und Kirschgallen, um nur ein paar zu nennen. Sie sind weitere Beispiele dafür, wie wunderbar komplex und ausgefeilt die Ökologie jeder einzelnen Eiche in Wahrheit ist.

»Und natürlich waren Gallen bis vor nicht allzu langer Zeit die Hauptquelle für Tinte«, füge ich hinzu.

Vor ewigen Zeiten hatte ich irgendwo gelesen, dass Galläpfel zermahlen und mit Wasser vermischt wurden, um eine kräftig dunkle Stofffarbe und Schreibtinte zu produzieren. (In einer Tasse auf einem Schrank in meiner Küche liegen immer noch ein paar und warten auf Experimente.) Als ich wieder auf die Sache zurückkam, entdeckte ich, dass die Gallwespe *Andricus kollari*, die die Galläpfel hervorruft, in den 1830er-Jahren absichtlich aus dem Nahen Osten nach Großbritannien eingeführt worden war, um Galle als Färbemittelzutat für die Textilindustrie zu liefern. Die ersten britischen Galläpfel wurden 1834 auf Eichen in der Nähe von Tuchmacherstädten in Devon wie Exeter, Exmouth und Tiverton gefunden.[30]

Wir wechseln das Thema und sprechen über die besonderen Umweltbedingungen, die alte Eichen bieten. Ich wiederhole, was der leider mittlerweile verstorbene Ökologe und Waldexperte Oliver Rackham einmal sagte: Es ist nicht einfach so, als würden zwei 200-jährige Eichen einer 400-jährigen Eiche entsprechen. Das Ganze ist subtiler. Im Ökosystem des älteren Baumes leben Arten, die auf jüngeren Bäumen nicht existieren können. Bestimmte Lebewesen brauchen die Kernfäule, die sich in älteren Eichen entwickelt, während ihr Inneres allmählich vermodert. Dies ist einer der Aspekte von Eichen, nach denen ich Chris unbedingt fragen möchte – nach der Beschaffenheit der Kernfäule und den winzigen Kreaturen, die in dieser Umgebung leben.

»Also muss der Kern der Eiche vermodern, damit ein spezifischer Lebensraum für bestimmte Tiere entsteht?«

»Ja, absolut«, stimmt Chris zu. »Und der Baum muss verrotten, um mehr Stabilität zu bekommen. Ein Baum mit Kernfäule ist stabiler als ein massiver. Deshalb baut man Gerüste aus Stahlrohren und nicht aus Massivstahl.«

Chris erklärt mir die genaue Bedeutung der Kernfäule von Eichen.

»Wenn du einen Zylinder aus modrigem Holz hast, der ungefähr sechshundert Jahre lang am gleichen Ort bleibt, sind das sechshundert Jahre, in denen Lebewesen diesen Ort finden und sich dort niederlassen können.«

Die geografische Beständigkeit über einen so langen Zeitraum hinweg ermöglicht die Komplexität dieses Lebensraums. Außerdem umgibt der lebendige Teil der Eiche als weiterhin wachsender Holzring das verrottende Innere und schützt das modrige Ökosystem. Dieser lebende Teil der Eiche wächst ständig nach außen, umfängt aber eine bemerkenswert sichere Welt in seinem Inneren. Auch Bäume wie die Buche produzieren Kernfäule, aber es ist die Langlebigkeit von Eichen, die es komplexen Ökosystemen und Lebensgemeinschaften erlaubt, sich über Hunderte von Jahren im Baumstamm zu entwickeln. Andere Baumarten, beispielsweise Buchen, werden durch Kernfäule eher instabil und fallen viel früher um.

Ich frage Chris nach den Lebewesen, die in der Kernfäule von Eichen leben.

»Viele von ihnen haben nur lateinische Namen«, sage ich.

»Jede Menge Käfer«, erklärt er. »Prachtkäfer. Prächtige Prachtkäfer.«

Wir lachen alle drei.

Jude hat mir schon von ihrer besonderen Faszination für die winzigeren Wesen der Wälder erzählt.

»Wegen meiner Kurzsichtigkeit«, erklärt sie. »Etwas so Kleines kann ich leichter scharf sehen.«

»Jude hat sie in mein Leben eingeführt«, sagt Chris.

»Ich mag sogar Eichenrüsselkäfer«, gesteht Jude.

Wir trinken Kaffee und plaudern über Luchsfliegen und winzige Spinnen. Bald landen wir wieder bei den Eichen und Bäumen im Allgemeinen und bei den Erkenntnissen, die die Wissenschaft in den letzten zwanzig Jahren über das untere Stockwerk der Wälder gesammelt hat – darüber, wie Myzel-Netzwerke im Boden, die als zarte Pilzfäden an den feinsten Wurzelspitzen einzelner Bäume wachsen, Stoffe und sogar Informationen weiterleiten können.

»Man kann eine radioaktive Markierungssubstanz in einen Baum einbringen und findet dann die Radioaktivität ein ganzes Stück entfernt in einem anderen Baum wieder. Sie wandert durch die Wurzeln, durch die Mykorrhizapilze und landet in einem anderen Baum«, erzählt Chris. »Die Bäume sind also miteinander verbunden. Sie können auf chemischem Wege kommunizieren. Dabei fließen Nährstoffe, aber auch Signale.«

Er nennt ein Beispiel.

»So kann eine Eiche zu den anderen ringsum sagen: ›Ich werde von Gallwespen gestochen, fahrt eure Tannine hoch!‹«

»Und in der Wissenschaft scheint das inzwischen allgemein akzeptiert zu sein – dass zwischen Bäumen solche Formen der Kommunikation stattfinden«, füge ich hinzu.

Aber wenn Bäume am besten in Wäldern gedeihen, in denen sie Ressourcen mit anderen teilen und sich gegenseitig vor Feinden warnen können, was ist dann mit der einsamen, einzelnen, uralten Eiche?

»Eher ein Argument gegen das Idealbild von der prächtigen alten Eiche als Solitär«, sage ich.

»Ja, nicht wahr?«, stimmt Jude zu. »Wie die Landschaftsgärten von Capability Brown. Sie wurden angelegt, weil sie gut aussehen, nicht, weil sie der Natur entsprechen.«

»Arme einsame Eiche, freudlos und freundlos«, witzelt Chris. »Hat keinen zum Reden, keinen, der sie gegen Insekteninvasionen verteidigt.«

»Wie traurig«, sagt Jude und lacht kurz auf. »Man neigt dazu, sie ein bisschen zu vermenschlichen, oder?«

In der Tat.

Es ist unvermeidlich, dass ich an die Honywood-Eiche denke. Sicherlich ist es keine reine Vermenschlichung, wenn ich sie als einen Baum sehe, der vor sechzig Jahren isoliert und einsam übrig blieb, als die dreihundert anderen alten Eichen gefällt wurden. Nach unseren heutigen wissenschaftlichen Erkenntnissen über die Verständigung und Verbindung zwischen Bäumen würden diese anderen Eichen, wenn es sie noch gäbe, im Wald ein gemeinschaftliches Leben führen. Stattdessen ist die Honywood-Eiche ganz auf sich gestellt.

Jude erzählt von ihrer Zeit als Freiwillige beim *British Trust for Conservation*, einer Naturschutzorganisation.

»Waldwege bauen und so etwas«, sagt sie. »Und eines Tages stand bei einem Seminar für uns alle *Tree-Hugging* auf dem Programm. Wir mussten uns je einen Baum aussuchen – ich habe eine Eiche gewählt – und ihn umarmen, ihn ganz aus der Nähe anschauen, seine Form und das Rindenmuster, und diesen speziellen Baum kennenlernen. Ungefähr zehn, fünfzehn Minuten lang.« Jude macht eine Pause. »Das klingt jetzt ein bisschen abgedreht und verrückt, aber …«

Ich lächele. Ich weiß genau, was sie meint.

Es ist so schwer zu erklären. In diesem »aber« liegt etwas, das ich verstehe, etwas, das mit der Verbindung zu einer Eiche zu tun hat, damit, wie man in diesen meditativen Momenten, beim Sinnieren über die Natur dieses einzelnen, besonderen Baumes, tatsächlich eine Art Gefühl für den Baum entwickelt und dabei einen tiefen Frieden erlebt.

»Ich bin sehr froh, dass du davon angefangen hast«, sage ich. »Was mit mir im Prinzip passierte, nachdem ich ein paar Monate lang an dieser alten Eiche gesessen hatte, war, dass ich diesen Baum irgendwie kennenlernte. Dann fing ich an, kluge Worte von anderen zu lesen, philosophische und spirituelle, über das Wahrnehmen einzelner Eichen, einzelner Bäume, von Martin Buber und Gary Snyder zum Beispiel – also, ich meine …« Ich gerate ein wenig ins Schwadronieren, weiß aber, dass ich in Jude und Chris zwei Glaubensgenossen habe.

»Niemand hält einen für seltsam, wenn man so über die Beziehung zu einer Katze oder einem Hund redet. Und ich glaube, man kann eine solche Beziehung auch zu einer Eiche aufbauen. Das glaube ich wirklich.« Ich lache, um meine Worte abzufedern. »Und das steht dann in Verbindung zur Eichenverehrung in früheren Zeiten und dazu, wie Geister und Menschenwesen wie der Grüne Mann mit der Eiche zusammenhängen.«

Ich mache eine Pause.

»Ich bin froh, dass du das gesagt hast, Jude«, wiederhole ich. »Aber es ist komisch, dass du es vorher abgemildert hast, indem du es ›abgedreht‹ und ›verrückt‹ nanntest. Ich habe genau das Gleiche gemacht, als ich das Wort ›seltsam‹ verwendete. Ein bisschen zu exzentrisch oder esomäßig …«

Wir kichern alle drei.

Und es ist wahr. Es fällt mir schwer, dieses Gefühl von Verbundenheit mit einer Eiche zu erklären, ohne viel New-Age-hafter zu klingen, als ich bin. Und trotzdem verstehen normale Leute wie Chris und Jude genau, was ich meine. Es gibt einfach keine passende Sprache, um einige dieser Gefühle zu beschreiben.

»Schließlich ist eine Eiche ja ein lebendes Wesen«, sagt Jude.

»Und sogar wenn sie tot sind, haben sie noch etwas an sich. Sogar tote Eichen. Sie sind in der Landschaft so präsent«, ergänzt Chris.

Und dann fragen wir uns, ob es das gleiche Gefühl wäre, eine tote Eiche zu umarmen wie eine lebendige. An diesem Punkt schlägt Jude vernünftigerweise vor, noch einen Kaffee zu machen. Während das Wasser kocht, erzähle ich, dass ich mehr über die Figur des Grünen Mannes herausfinden möchte und über dieses Gefühl von Frieden, das ich an der Honywood-Eiche empfinde. Wir fangen an, über spirituelle Aspekte von Eichen zu reden. Ich kenne Chris und Jude gut genug, um mich auf dieses Terrain zu wagen.

»›Spirituell‹ ist vielleicht nicht das richtige Wort«, höre ich mich sagen. »Es ist seltsam, dass eine Art Verbindung entsteht, wenn man einige Zeit in der Nähe einer Eiche verbringt.«

»Das stimmt«, sagt Jude. »Vielleicht nicht bewusst. Es ist mehr als das. Es könnte etwas Angeborenes sein … Das ist schwer in Worte zu fassen, oder?«

Allerdings. Ich weiß, was Jude meint, und ich weiß, wie schwierig es auszudrücken ist. In letzter Zeit habe ich ein paar Gespräche über diese Gedanken geführt, und jedes Mal scheine ich ein »ich weiß nicht« einzufügen, weil mir die Worte fehlen.

Jude denkt wieder über ihre Erfahrung des Baum-Umarmens bei dem Seminar vor ein paar Jahren nach. Seine Nachwirkungen sind immer noch offensichtlich.

»Das war wirklich wunderbar«, sagt sie. »Ich kann es tatsächlich verstehen.«

Chris zeigt mir noch ein Buch, einen dünnen Band mit dem Titel *Oak*. Das Buch ist in Wahrheit in Ausstellungskatalog und zeigt eine Serie von Gemälden einer einzigen Eiche.

»Kennst du das?«, fragt Chris.

Ja. *Oak* ist das gedruckte Ergebnis der Arbeit von Stephen Taylor, einem Künstler, der eine bestimmte Eiche im Laufe von drei Jahren fünfzig Mal malte. Ich bin vor ein paar Jahren auf sein Werk gestoßen und möchte ihn gerne treffen, um seine Ansichten über Eichen zu hören. Wir haben eindeutig viel gemeinsam.

Chris kennt Stephen aus der Zeit, als er für *English Nature* arbeitete; damals traf er sich mit Stephen an der Eiche und erklärte ihm das Wesen der Eiche aus Sicht eines Naturschützers.

»Wir haben viele glückliche Stunden dort verbracht und über die Eiche geplaudert.«

Irgendwann, bald, werde auch ich mit Stephen über seine Eiche plaudern dürfen.

7. Mai

Wärmende Sonne.

Der Tag hat etwas Träges, Sommerliches. Vor einer Woche war ich das letzte Mal hier an der Eiche, und es ist verblüffend, wie stark die neuen Blätter gewachsen sind. Alles ist jetzt grün. Ein lebendiger, frischer, maigrüner Wald ist entstanden, wo noch vor einer Woche nur kahle Äste waren. Und als ich mich vorbeuge, um genau hinzusehen, kommt es mir vor, als würden sich die Eichenblätter erkennbar entfalten. Auch die Kätzchenschwänze der Blüten sind erschienen und hängen herab wie geschrumpfte, unreife Trauben.

Das *Tack-tack-tack* eines Spechts dringt aus den weit entfernten Kiefern im Norden durch die warme Luft. In der Eiche zwitschern Kohlmeisen. Der Ruf eines Zilpzalps erhält eine Antwort vom anderen Seeufer. Winzige schwarze Fliegen steigen aus der Mulchdecke empor: die vierflügeligen Gallwespen, die bis zum Hochsommer Galläpfel auf den Zweigen hervorgerufen haben werden.

Der Frühling ist für die Eiche eine Zeit der Insekteninvasion. Ungefähr fünfhundert Insektenarten leben in oder unter ihrer Baumkrone. Die meisten sind Parasiten. Sobald diese maigrünen Blätter erscheinen, stürzt sich eine Armee winziger Motten, Wespen und Fliegen auf sie. Die grünen Raupen des Eichenwicklers verstecken sich und fressen in frisch aufgerollten, mit dem eigenen Seidengespinst verschlossenen Blättern; beim ersten Anzeichen von Gefahr können sie sich an langen Seidenfäden zum Boden abseilen. Die Eiche ist darauf angewiesen, dass die ewig hungrigen Blaumeisenküken sich die Schnäbel mit Eichenwickler- und anderen Raupen vollstopfen, bevor sich diese durch das ganze frische Laub des Baumes gefressen haben.

12. Mai

Wolkenfetzen treiben am Himmel nach Osten. Von Westen her schiebt eine Brise mit kalten Fingern grauere Wolken heran.

In den fünf Tagen, seit ich das letzte Mal hier war, sind die Eichenblätter aufgegangen, und ihr Grün ist dunkler geworden. Der Baum entfaltet sich. Die Eiche wird immer größer. Jede Sonnenstunde bringt frische wächserne Blätter hervor, die mit der gleichen schrumpeligen Haut auf die Welt kommen wie Babys; mit jedem Atemzug öffnet sich die seidenweiche Haut und wird glatter.

Ein Nest aus jungen Blättern liegt am Fuß der Eiche. Sie haben etwas bemerkenswert Verlorenes; es ist ganz und gar herzerweichend zu wissen, dass sie nie zu voller Größe heranwachsen werden – obwohl sich über mir eine Million anderer Blätter ausstrecken und ergrünen, die sich schließlich, wenn der Herbst herankriecht, erdbraun färben und herabfallen werden. Trotzdem macht mich der Anblick dieser welkenden jungen Blätter traurig.

Immer noch über die Verwandlung staunend, gehe ich zur Eiche hinüber und streiche mit den Fingerspitzen über die zarten Blätter, bevor ich mich zum Stamm umwende und die Wärme der Eichenrinde auf der Südseite an meiner Handfläche spüre. Ich erspähe eine Reihe grauer Hüllen in einer Holzspalte; auf jeder einzelnen ist ein dunkler Kreis zu sehen, aus dem vor Kurzem ein Lebewesen geschlüpft ist. Die Insekteninvasion ist überall. An einigen Stellen ist die Eichenrinde von den nadelfeinen Löchern seltsamer, unsichtbarer Mikrolebewesen durchstochen. Ich beuge mich vor, bis mein Kopf so dicht an der Eiche ist, dass ich den trockenen Moschusduft der grünen Flechten riechen kann. Ich spähe in Risse, wo sich an unsichtbaren Seidenfäden Frühlingsabfälle verfangen haben: abgeworfene Hülsen der unauffälligen Fruchtstände.

Auf dem hellen freigelegten Holz, wo die Rinde sich abgelöst hat, ruht ein Nachtfalter, der vom darunterliegenden Eichenholz fast nicht zu unterscheiden ist und sich bei meiner kurzsichtigen Inspektion nur durch die schwarzen Flecken auf seinen Flügeln verrät: ein helles Eichenhain-Wicklereulchen (*Nycteola revayana*), dessen Raupen sich wahrscheinlich schon zu den Horden anderer Larven gesellt haben, die sich an den frischen grünen Blättern der Honywood-Eiche satt fressen.

Ich habe ganze Abende damit verbracht, nachzulesen, welche Schmetterlinge an Eichen leben, und mich an ihren prachtvollen Benennungen erfreut. Zu den Nachtfaltern, deren Raupen sich von Eichen ernähren, gehören Goldhaar-Rindeneulen, Nonnen, Schlehen-Bürstenspinner, Herbst-Rauhaareulen, Schwammspinner, Variable Kätzcheneulen, Buchen-Zahnspinner, Braungelbe Frühlingseulen, Streckfüße, Zweipunkt-Eulenspinner, Hellgraue Holzeulen sowie Große und Kleine Eichenkarmine.

Dagegen gibt es nur eine einzige Tagfalterraupe, die Eichen frisst – den Blauen Eichen-Zipfelfalter.

—

Ich sitze. Nach einiger Zeit krabbelt eine winzige, zartgliedrige Fliege in Spiralen über mein Notizbuch, bald gefolgt von einer zweiten, einer dunkleren Kreatur, die sich ungeschickt in die Luft erhebt und auf Augenhöhe an mir vorbeifliegt.

»*Hymenoptera*«, sage ich laut, mit Autorität in der Stimme.

Eine Gallwespe. Obwohl ich nicht mit Sicherheit sagen kann, welche, gehört das Wesen vor mir eindeutig zur Insektenordnung *Hymenoptera*. Das ist nicht schwer festzustellen. Es gibt mehr als 150 000 unterschiedliche Arten von Hautflüglern, darunter Wespen, Bienen und Ameisen.

Ich betrachte die Eiche aus zehn Metern Entfernung und beobachte das Frühjahrstreiben durch die staunend aufgerissenen Augen des Fernglases. Eine Hummel verschwindet wie Alice im Wunderland in einem kleinen Loch am Fuß der Eiche.

»*Terrestris*«, sage ich, schon wieder laut, zu niemand Bestimmtem und halte den Blick auf den dunklen Eingang in die Erde gerichtet.

Einen Augenblick später taucht die Erdhummel wieder auf, auf wackligen Beinen staksend, bevor sie sich in einem taumelnden Flug erhebt. Es ist eine weitere jener jungen Königinnen, die vor Kurzem aus ihrem langen Winterschlaf erwacht sind und jetzt unsicher dicht über dem Boden herumfliegen, auf der Suche nach einem Ort, wo sie sich für den Sommer niederlassen und ihr erstes Nest bauen können, um Königin ihres eigenen Volkes zu werden. Die Dunkle Erdhummel *Bombus terrestris* ist, wie ihr Name erkennen lässt, eine Hummel, die ihr Heim oft hinter düsteren, erdigen Öffnungen gräbt.

Später, als die Sonne sinkt, spaziere ich hinüber zu einer archäologischen Ausgrabung, die seit kurzer Zeit an der Stelle stattfindet, wo früher das Gutshaus von Marks Hall stand. Ein halbes Dutzend Menschen krabbelt noch immer in der Erde herum; sie sehen aus wie menschliche Erdhummeln. Es ist das Ende eines langen Grabungstages. Meine Freundin Ellie Mead ist mit einer Gruppe von Ausgräberkollegen da, alle angemessen verschlammt und begeistert von der geleisteten Arbeit und den geretteten Bruchstücken der Vergangenheit. Sie erzählt mir von mittelalterlichen Funden aus dem 13. Jahrhundert, die im Boden aufgetaucht sind – große Scherben heller, glasierter Hedingham-Keramik.

»Und es gibt noch etwas«, sagt sie.

Ihr Kollege Graham hat einen noch bedeutenderen Fund gemacht. Ellie holt eine kleine Kiste aus dem Holzschuppen, der als Hauptquartier des Grabungsteams dient, klappt sie auf und präsentiert eine rautenförmige Silberscheibe mit einer noch nicht entzifferten Inschrift. Der Anhänger stammt aus einer Zeit, in der die Honywood-Eiche noch ein Schössling war.

19. Mai

Noch eine Stunde bis Sonnenuntergang.

Zilpzalps flöten hinter dem Geschnatter der Gänse. Am frühen Abend beleuchtet die Frühlingssonne die Eiche von hinten und durchtränkt die jungen Blätter mit Licht. Die Farbe des Eichenlaubs hat sich im Laufe der Wochen geändert: vom matteren, graustichigen Ton der ersten Triebe im April bis zu der strahlenden Smaragdpracht, die das Laub jetzt im Schein der tief stehenden Sonne zeigt.

Gnitzen flitzen durch die späten Lüfte. Gallwespen krabbeln über die Eiche. Eine einsame Waldameise wandert hoch über dem Boden dahin, auf und nieder über die Hänge und durch die Täler der dunklen Rinde. Ich schaue noch genauer hin. Eine Spinne – nur wenige Millimeter groß – überquert ihr zollbreites Netz. Dies sind Miniaturwelten und doch wirkliche, lebendige Universen, die in den Nischen und Winkeln der Eiche existieren.

4. Juni
Mitten am Nachmittag.

Die Bienen strömen hinaus und hinein. Heute ist der erste heiße Tag des Jahres, und die Eiche sieht prachtvoll aus, wie sie sich zum blauen Himmel reckt.

Eine willkommene Brise weht. Die Kiefern wiegen sich im Wind, während die Eiche wie ein fest verankerter Pfahl in der Erde steht. Blaumeisen flattern wie Fledermäuse herum, sausen schräg in gezacktem Kurs durch die Luft, kehren zum Fressen um, vollkommen überdreht von dem dargebotenen Festmahl. Ein Zilpzalp ruft. Die Gänse spazieren mit ihren Jungen vorbei, schauen giftig herüber und zischen alle an. Ein Aurorafalter taumelt vorüber.

Ein Pfau schreitet ängstlich vorbei und bleibt im Schatten der Eibe stehen. Ich hatte heute schon einmal das Gedicht »*Woods*« von Louis MacNeice in der Hand. Jetzt lese ich es ein weiteres Mal, lese von »Wäldern voller Vögel und Geister«, der »neolithischen Nacht« und dem »Tor zur Legende, das unversperrt bleibt«.[31] Ich stehe auf und gehe in die zahmen Wälder, die hinter mir liegen.

Wir alle werden zu besseren Wesen, wenn wir in die Wälder zurückkehren.

18. Juni
Nachmittags.

Ein Gewitter steht bevor.

Zwei Wochen sind vergangen, und das Eichenlaub hat einen noch dunkleren Grünton angenommen – insbesondere in diesem trüben Nachmittagslicht, bei drohendem Regen. John Clare, ein Pastoraldichter des 19. Jahrhunderts und Meister der Vögel, Bäume und Tiere, schrieb in seinem Gedicht »*Summer*«:

> Der Eiche langsam sich öffnendes Laub, in immer satterem Ton,
> Bezeugt aufs Neue die Macht des Sommers.[32]

Ich fühle dieses Aufwallen in mir, während der Sommer näher rückt. Mein Kopf ist leicht. Ich bin pure Freude. Nichts ist unmöglich auf dieser Welt. Die Zukunft ruft.

Alles erwartet in einem schwülen Purgatorium die Ankunft des Gewitters. Wenn es losbricht, werde ich mich wieder in meinem Wintersitz im Windschatten der Eiche niederlassen, der mich während der kalten Tage geschützt hat.

Die Mittsommernacht nähert sich so schnell, sie ist nur noch wenige Tage entfernt. Das Jahr schlüpft vorbei. Ich warte auf den Regen und grübele über seltsame Rätsel. Was bedeutet die Lebensspanne eines Menschen für die Eiche, die so viele Generationen überlebt? Wie Bienen oder Vögel kommen und gehen wir im Laufe der Jahre und legen hier am Baum eine kurze Pause ein, bevor wir weiterziehen. Diese große Eiche hat einen Zeitraum durchlebt, in dem etwa dreißig Generationen menschlicher Wesen wie ich geboren wurden, ihr Leben hinter sich brachten und wieder in die Erde zurückkehrten. Und die Eiche lebt immer noch.

—

Seit vielen Jahren bewahre ich auf meinem Schreibtisch eine Postkarte von Tizians *Allegorie der Vorsicht* auf, die ich als Kind von einem Besuch der National Gallery in London mitgebracht habe, wo das Gemälde hängt. Es zeigt drei Gesichter eines Mannes in verschiedenen Lebensphasen – Jugend, Reife und Alter. Unter den drei Gesichtern sind ein Hund, ein Löwe und ein Wolf dargestellt. Das gleiche »Triptychon« der Lebensalter lässt sich an Eichen beobachten – der junge Schössling, der florierende, grün bekrönte Baum und der alte Baum mit seinen Hirschgeweih-Zweigen.

John Dryden beschrieb diese drei Altersstufen der Eiche in dem Gedicht »*Palamon and Arcite*«, das 1700 in seinem Buch *Fables, Ancient and Modern* erschien:

> Die Eiche, der Bäume Königin,
> Sie schießt empor und streckt dann breit sich hin,
> Dreihundert Jahr' Wachsen, dann dreihundert Stehen
> In Pracht, dann dreihundert Jahre Vergehen.[33]

In seinem Aufsatz über die Eichen von Essex aus dem Jahr 1894 zitiert J. C. Shenstone das Gedicht »*Oak's Pedigree*« (»Stammbaum der Eiche«), das er als »kaum übertrieben« bezeichnet, was das Alter von Eichenveteranen angeht:

> Meines Urgroßvaters Stamm war Druiden-Domizil;
> Mein Großvater mit dem römischen Adler fiel;
> Ich war Schössling, als meines Vaters Bug
> Den Helden Edward nach Gallien trug.[34]

Wer einmal über die Vorfahren einer Eiche nachdenkt, landet schnell in der Vorgeschichte.

19. Juni

Früher Morgen.

Ein Dunstschleier. Regen liegt in der Luft.

Im Morgengrauen hat mich ein Gefühl geweckt, das mich zurück zur Eiche zog.

Also bin ich jetzt hier. Pfauen schreien im ummauerten Garten. Ihre Rufe schallen herüber, sickern durch die nässegeschwängerte

Luft und gleiten in Wellen über die Eiche. Gnitzen und Stechmücken steigen in den Morgennebel empor. Eine fällt herab. Sie liegt mit gekreuzten Beinen da und zuckt in der Brise wie ein Bündel verschnürter Stäbchen.

Zilpzalps und Buchfinken bevölkern die luftigen Höhen. Darunter ertönt das Krächzen von Krähen; irgendwo weiter hinten bei der verbrannten Eiche hat sich ein Schwarm versammelt. Die kratzige Stimme einer Grasmücke in den Kiefern öffnet sich zu fließendem Gesang, und irgendwo aus weiter Ferne ertönt der Ruf eines Fitis.

Ich lerne, mich in der Stille einzurichten. Ich lerne zu hören.

Gestern bin ich auf das Gedicht »*The Old Oak Tree*« von W. H. Davies gestoßen.

Ich sitz bei dir, du Eiche alt,
Du mächtigster der Bäume all;
Dein hohler Stamm, er gibt uns Raum
Mit Leichtigkeit als Pferdestall.

Ich sehe deine Glieder stark
Und fürchte doch nicht ihren Schlag;
Dein Leben ist lang, das meine kurz,
Wer größere Not wohl kennen mag?

Verhungerte siehst du hier nicht
Noch Menschen, die im Hungerwahn,
Als ob sie Klumpen Brotes wären,
Die Straßensteine starren an.

Du fühlst ihn nicht, den zitternd Leib
Von Kindern, die nachts obdachlos
In London draußen schlafend liegen
Mit kalter Luft als Wände bloß.[35]

W. H. Davies, ein vagabundierender Dichter des frühen 20. Jahrhunderts, hatte in den Vereinigten Staaten beim Aufspringen auf einen Güterzug ein Bein verloren. Seine Philosophie war eine des sanften Wanderns. Aber er stellt seine romantische Version der »alten Eiche« den städtischen Armen gegenüber – den Verhungerten, den obdachlosen Kindern und den vor Hunger Wahnsinnigen –, die ums Überleben kämpfen. Die Eiche bietet Davies Freiheit von der Welt, einen Ort des Schutzes und des Friedens.

In einem lange zurückliegenden Gespräch sagte mein Vater einst, er habe immer Davies' Gedicht »*Leisure*« gemocht, das mit den Worten »Was ist das Leben, wenn voller Sorgen« beginnt. Er war eigentlich kein Lyrikfreund, deshalb ist mir seine Beziehung zu Davies im Gedächtnis geblieben.

Gestern Abend saß ich am Kamin, sah Dads Gesicht wieder vor mir und fühlte seine Gegenwart.

Was ist das Leben, wenn voller Sorgen
Wir nicht die Zeit uns zum Schauen borgen?
Keine Zeit, zu stehn unter einem Baum
Und endlos lang wie Kühe zu schaun.[36]

Das ist es, was ich gerade lerne.

27. Juni

Später Nachmittag.

Mehlschwalben segeln über der Eiche. Es herrscht schwüles, feuchtes Sommerwetter; die Fliegen sind unterwegs und füllen die Luft mit schwarzen Sprenkeln. Ein Grauhörnchen tritt vorsichtig auf den mulchbedeckten Boden und flieht, als das laute menschliche Geschnatter von einer Hochzeit im Kutschenhaus herüberdringt und das sanfte Orchester der Naturgeräusche mit einem Schauer unharmonischer, schriller Noten unterbricht.

In den Windschatten des Baumes gekuschelt, lehne ich mit dem Rücken am Stamm. Der Tag ist heiß. Ich schließe die Augen. Zwei Zilpzalps geben Stakkato-Rufe von sich, und über allen anderen Lauten, fast zu hoch für das menschliche Gehör, liegt das zischende Zwitschern eines Distelfinks. Ein paar Augenblicke später öffne ich die Augen und sehe eine graue, höchstens fingerbreite Minimotte dreißig Zentimeter vor meinem Gesicht herumflattern, perfekt getarnt vor den hellen Flechten auf der Rinde.

29. Juni

Die braune Gestalt eines Turmfalken gleitet in Augenhöhe vorbei.

Ich treffe mich mit Jonathan, und wir steigen zusammen über die Holzumzäunung der Honywood-Eiche.

»Dieser Bereich wird demnächst von Hand gejätet«, erzählt er.

Er möchte vorher alle Eichensämlinge einsammeln. Wir suchen. Es gibt winzige Bergahorn- und Ilexpflänzchen, aber es sind keine kleinen Eichen zu sehen.

»Hier ist eine«, sagt er schließlich.

Bei genauerem Hinsehen finden wir noch ein halbes Dutzend. Sie sind die nächste Generation: die Nachkommen der Honywood-Eiche.

Wir gehen wieder, drehen uns noch einmal zur Eiche um und unterhalten uns darüber, wie gut der Baum gedeiht, seit der Schutzgürtel eingerichtet wurde. Jonathan schaut sich das Grün der Blätter an. Ihr dunkler Ton ist ein Zeichen von Gesundheit. Ich denke an die beiden Eichen auf dem Hügel hinter meinem Haus. Eine hat dunkelgrüne Blätter, die andere helle.

»Die Krone sieht jetzt viel symmetrischer aus«, sage ich.

Jonathan stimmt zu. Er erzählt, dass er direkt im Süden des Baumes noch mehr Kiefern und Ahornbäume fällen möchte, um der Eiche noch mehr Raum, Luft und Licht zu verschaffen.

»Ungefähr siebenhundert Jahre lang hatte diese Eiche nicht viel Platz um sich herum«, meint er.

Erst in den letzten etwa hundert Jahren wurde allmählich für Licht und Luft gesorgt. Heute hat die Honywood-Eiche wieder Raum zum Wachsen. Sie ist ganz eindeutig dankbar.

Jonathan bricht auf. Ich sitze auf der Bank und schaue einfach eine Weile zu. Ein Zilpzalp ruft. Ein Grünspecht fliegt. Der Himmel ergraut. In ein, zwei Stunden wird es regnen.

Ich trete dicht an die Ostseite der Eiche und lasse meine Hand über das helle freigelegte Kambium gleiten; es ist mit dunklen Löchern unterschiedlicher Größe übersät, aus denen Käfer geschlüpft sind. Ich lasse meine Hand liegen, bis das Holz warm wird. Dann trete ich beiseite.

—

In seinem brillanten Essay *The Tree* von 1979 schreibt John Fowles, dass wir uns dem »Wesenskern eines Baumes« am nächsten fühlen, wenn wir es mit einem Baum zu tun haben, der in prächtiger Einsamkeit wächst. Etwas an einzeln stehenden Bäumen – wie der Honywood-Eiche – scheint uns glauben zu lassen, dass wir einen Baum in diesem Zustand am besten kennenlernen können. Allerdings sind Bäume Fowles zufolge nicht dazu geeignet, einsam Wache zu stehen, sondern sollten als soziale Wesen in Wäldern leben.[37] Die neuesten wissenschaftlichen Erkenntnisse hinsichtlich der komplizierten Interaktionsformen zwischen Bäumen über kaum wahrnehmbare Verbindungen, Myzel-Netzwerke aus Pilzwurzeln, stützen das Argument, dass Bäume in Gesellschaft mit anderen gedeihen, die sie versorgen und beschützen, mit denen sie kommunizieren und lebenswichtige Ressourcen austauschen können. Was die Wissenschaft uns heute erklärt, wussten viele schon lange.

In seinem Buch *Am grünen Rand der Welt* erzählt Thomas Hardy:

> Das instinktive menschliche Verhalten war, stehenzubleiben
> und zu lauschen, wie die Bäume zur Rechten und zur Linken,

wechselnd wie in den Antiphonen eines Kirchengesanges,
klagten und einander riefen.[38]

Bäume sprechen miteinander. Sie gedeihen in Gemeinschaften.

Und während dies zweifellos wahr ist, grübele ich über die einsamen alten Eichen nach, die ihre Tage scheinbar abgeschnitten von der Gesellschaft anderer verbringen. Wie den weisen Alten unserer Spezies, jenen betagten Pilgern, Philosophen und Heiligen, die beschließen, sich aus dem gesellschaftlichen Leben zurückzuziehen, um gründlicher über den Sinn unserer Existenz nachzudenken, schreiben wir Einzelbäumen wie der Honywood-Eiche spezielle Eigenschaften und eine besondere Bedeutung zu. Sie sind die Eichen, die wir am meisten verehren.

In seinem *Shepheardes Calender* (»Schäferkalender«) fing Edmund Spenser 1579 genau diesen Wesenskern ein:

Es wuchs ein alter Baum auf der Wiese,
Einst war er stattlich, der Eichen ein Riese,
[...]
Ein uralter Baum seit langer Zeit,
Voll Rätsel und voller Heiligkeit [...].[39]

2. Juli

Die Rufe der Zilpzalps verstummen plötzlich, als milder Regen einsetzt, der die Luft unter der Eiche mit dem sanften Rauschen eines Schauers erfüllt – ein Paukenwirbel im Laub. Die Blätter sind noch grün, noch jung, ihr Ton ist zart. Im Herbst trommelt der Regen mit blechernem Widerhall auf die alten, braunen Blätter.

Am Fuß des Baumes sucht sich ein Laufkäfer seinen Weg über die Rinde, quer über die Schluchten und Höhlen; der erdige Schatten seines Körpers gleitet perfekt getarnt an den weggeworfenen Schalen von Kiefernsamen entlang, die ein Eichhörnchen hinterlassen hat.

Ich sehe zu, wie Rote Waldameisen über die Holzschnitzel kriechen. Alles wird still. Ich schaue einer Assel in die Augen und drehe mich dann zu dem kratzenden Geräusch auf der Südseite der Eiche um. Anstatt mich aufzurichten, verharre ich in meiner Position und warte. Ein Hasenjunges trabt in mein Sichtfeld. Die Ohren mit ihren schwarzen Spitzen sind in die Höhe gereckt; bernsteinbraune Augen flackern und glänzen. Der junge Hase kommt auf meine gebeugte Gestalt zu, die sich an die Eiche schmiegt; erst in zwei Metern Entfernung hält die Kreatur inne und starrt mich an; ich fühle ihr Starren und erwidere es. Der Hase wendet sich um und verschwindet hinter der Eiche, nur um den Baum in entgegengesetzter Richtung zu umrunden und wieder aufzutauchen; dann läuft er nach Norden, am Hornklee und den am Boden hockenden Stockenten vorbei, bis in die hohen Gräser der Wiese.

8. Juli
Warme Sommersonne.

Als ich heute Morgen auf dem Weg zum Kutschenhaus war, glitt eine dunkle Schlange über den Asphalt der Straße zum Landgut und schlüpfte fort ins hohe Gras.

Ich bemerke, wie viel dunkler die Eiche jetzt ist. Sie ist voll ergrünt – fruchtbar und fortpflanzungsbereit. Die winzigen Kugellager der Eicheln sind gewachsen; ihre Größe hat sich innerhalb von einer Woche verdoppelt. Die Blätter sind sattgrün. Die Sonne des sommerlichen Spätnachmittags umrahmt ihren gesunden Glanz. Ich beobachte das Spiel der Schatten, in dem die Silhouetten der oberen Blätter über die darunterliegenden flackern. Die Blätter sind klebrig geworden, jedes einzelne ist mit einer dünnen Harzschicht überzogen, die an meinen Fingerspitzen hängen bleibt. Es ist Honigtau. Obwohl die Bienen, die an der Südseite der Eiche nisten, kein Interesse daran zeigen, ihn zur Honiggewinnung von den Blättern zu ernten, werden andere Bienen das tun und dabei Eichenhonig produzieren, der wegen seiner

Süße und seiner gesundheitsfördernden Eigenschaften geschätzt wird, weil er überaus reich an Antioxidantien ist.

Vor zweitausend Jahren schrieb Vergil in einer seiner Pastoraldichtungen oder Eklogen: »[…] von heiliger Eich' umsummen uns Bienen.«[40]

16. Juli

Neunundzwanzig Grad Celsius.

Alles verschmort, der Sommer lastet schwer.

Ein grauer Nachtfalter verschwindet in perfekter Tarnung auf der Rinde der Eiche. Es könnte ein Eichenprozessionsspinner (*Thaumetopoea processionea*) sein, aber ich kann es nicht mit Sicherheit sagen, weil er vor dem Hintergrund der Rinde tatsächlich nicht mehr zu sehen ist.

Erschöpfung ist im Vogelgesang wahrnehmbar. Die gedämpften Töne des Zilpzalps klingen halbherzig, der Buchfink misstönend. Am Seeufer schweigen die Gänse endlich. Unter der Honywood-Eiche liegt das gleiche schläfrige Gefühl in der Luft. Die Eiche wirkt still, nur wach gehalten von der willkommenen Brise, die die honigbetauten Blätter wiegt. Aus dem Eingangsloch im Süden gleitet ein schwerfälliger Strom von Bienen durch die heiße Luft. Ein einsames Tier – verwirrt und verstört von der Hitze – fliegt an dem riesigen Stamm auf und ab, auf der Suche nach seinem Heim, das nur etwa zwei Meter entfernt liegt. Waldbrettspiele flattern mit braunen Schmetterlingsflügeln zwischen den Ampferblättern herum, in stummer Grazie auf- und absteigend. Alles ist still. Dann bringt etwas die Gänse zum Schreien.

Teil 3

MIT EICHEN LEBEN

Ungefähr ein Jahr lang war die Honywood-Eiche der Ort, den ich aufsuchte, wenn ich aus meinem Leben heraustreten wollte. Das ruhige Beobachten der Eiche und der Lebewesen in ihrem Ökosystem bot eine Beschäftigung, die meinen Geist auf glückliche Weise beschäftigt hielt. Die Welt der Eiche stellte einen sicheren Ort dar, ruhig und friedlich, an dem ich den Gedanken an meine zerbrechende Beziehung – oder an irgendetwas anderes in meinem Leben, das meiner Aufmerksamkeit bedurft hätte – entfliehen konnte. Vielleicht ist es gar nicht so seltsam, dass ich dorthin floh. Ich verdiene meine Brötchen damit, anderen beizubringen, wie man hinaus in die Wildnis geht und die natürliche Welt erleben und schätzen lernt. Draußen in der Natur zu sein, war immer mein Lebenselixier.

Dann hörte ich auf, die Honywood-Eiche zu besuchen. Erst vor Kurzem habe ich erkannt, woran das lag. Ich hatte mich wieder verliebt. Als das Feuer dieser Liebe einige Jahre später allmählich erlosch, merkte ich, dass ich nichts weiter tun konnte, als mich wieder den Eichen zuzuwenden. Ich fühlte mich täglich unwohler in meiner Haut. Inzwischen lebte ich allein. Ich war zunehmend isoliert von anderen und fand Trost darin, bei Eichen zu sein. Allerdings war die Honywood-Eiche nur mit dem Auto zu erreichen. Ich wandte mich anderen Eichen zu, die gewissermaßen vor meiner Haustür standen. Es gab eine Eiche auf der Wiese hinter meinem Haus. Dort pflegte ich einfach zu sitzen und hinauf in den Baum zu schauen. Sie war kein uraltes Wesen wie die Honywood-Eiche, aber immerhin eine Eiche –

eine, von der mich nur hundert Meter trennten. Ich fing an, sie die »Wieseneiche« zu nennen.

Und es gab noch eine Eiche. Ungefähr anderthalb Kilometer von meinem Zuhause entfernt lag eine Erhebung, die ich den »Zweieichenhügel« taufte. Eine der beiden Eichen, die dort wuchsen, war ein hirschgeweihförmiger Baum; eine Art Leiter aus Ästen ermöglichte einen leichten Aufstieg zu einem bequemen Sitzast knapp vier Meter über dem Boden. Wann immer ich konnte, nutzte ich die Gelegenheit, auf die Hirschhorneiche zu klettern. Die Dinge sind ganz anders, wenn man sie von einer Eiche aus betrachtet. Das Leben erscheint einfacher. Alles ist friedlicher.

Ich kam den Eichen noch näher. Ein wenig Zeit an einer Eiche zu verbringen, wurde zu einem Teil meiner täglichen Gewohnheiten, wie ein religiöses Ritual. Statt nur auf dem Weg zur oder von der Arbeit die Honywood-Eiche zu besuchen, versuchte ich jetzt, jeden Tag etwas länger in der stillen Welt einer Eiche zu verweilen. Ich ließ alle Lebens- und Arbeitssorgen hinter mir, um an einer Eiche zu sitzen und meine Gedanken auf ihre Präsenz zu konzentrieren. Neben einer Eiche wurde mein Geist ruhiger. Es war eine Form der Meditation. Die Gesellschaft von Eichen gab mir Rückhalt. In vielerlei Hinsicht war das ein Zurückweichen, ein Rückzug von meiner eigenen Spezies. Heute erkenne ich das. Das stille, empfindende Wesen der Eiche wurde etwas, nach dem ich strebte, als wäre es ein Charakterzug, den ich übernehmen könnte, wenn ich nur genügend Zeit an oder in Eichen zubrächte. Es war eine zutiefst meditative Daseinsform, die ich suchte. Ich war davon überzeugt, dass ein solcher Zustand mich seelisch gesund erhalten würde. Ob ich auf der Flucht vor dem Menschsein war oder zu den Bäumen gehören wollte, weiß ich bis heute nicht. Manchmal fühlte es sich an, als driftete ich zu weit ab, wie ein Segelboot, das sich zu sehr von der Küste entfernt.

Und manchmal wandte ich mich den Gedanken anderer zu. Ich suchte mir Seelenverwandte, die mir freundlich ihre eigenen weisen

Worte anboten – darüber, was Eichen ihnen bedeuteten, oder wie es kommt, dass Eichen uns Ruhe und Frieden geben, und sogar darüber, was es bedeutet, eine Eiche zu sein.

16. Februar

Als ich gestern Nacht in die klare Dunkelheit hinaustrat, hörte ich im Süden einen Steinkauz (*Athene noctua*) rufen. Der katzenartige, klagende Schrei ertönte unter dem flackernden Licht von Sirius, dem Hundsstern.

Heute Morgen bricht der Tag schon über den Feldern an, als ich noch auf der Bettkante sitze. Kurz darauf fällt mein Blick aus dem Fenster meines Cottages auf das Dämmerungslicht, das flach über den Frost streicht, und die Dunstwolken aus erwärmter Luft, die aufsteigen und sich über den gefrorenen Boden wälzen.

Nachmittags gehe ich von der Wieseneiche hinunter zur Kirche, um den Sonnenuntergang zu betrachten. Die späte Sonne blendet so stark, dass ich mich nach Osten drehe, wo der blasse Dreiviertelmond hoch am Himmel steht.

Es ist kurz vor fünf. Als ich auf die Straße trete, denke ich darüber nach, wie jedes einzelne Menschenkind zu einem ganz eigenen Wesen heranwächst. Und dann denke ich, dass auch jede Eiche ihre eigene Individualität besitzt, ihren eigenen Wesenskern. Jede Eiche hat einen unverwechselbaren Charakter, den man sehen, fühlen und erfahren kann – wie meine eigenen Kinder, wie jeder Mensch, der auf unserer Erde lebt. Ich habe noch einmal Martin Bubers existenzphilosophische Betrachtungen über Bäume gelesen:

> Ich betrachte einen Baum. [...]
> In all dem bleibt der Baum mein Gegenstand und hat seinen
> Platz und seine Frist, seine Art und Beschaffenheit. [...]
> Es kann aber auch geschehen, aus Willen und Gnade in einem,
> daß ich, den Baum betrachtend, in die Beziehung zu ihm

> eingefaßt werde, und nun ist er kein Es mehr. Die Macht der Ausschließlichkeit hat mich ergriffen. [...]
>
> So hätte er denn ein Bewußtsein, der Baum, dem unsern ähnlich? Ich erfahre es nicht. Aber wollt ihr wieder, weil es euch an euch geglückt scheint, das Unzerlegbare zerlegen? Mir begegnet keine Seele des Baums und keine Dryade, sondern er selber.[1]

Heute lese ich noch einmal Buber, über das wahre Beobachten von Bäumen, und verbringe dann eine Stunde oder mehr damit, über die Eiche auf der Wiese hinter meinem Haus nachzudenken, zu der es mich dieser Tage ständig zieht. Ich sitze da und konzentriere mich auf die Form der Eiche. Erst nach einiger Zeit fällt mir auf, dass das eine meditative Übung ist. Durch die Konzentration auf die Eiche gelingt es mir, die rasenden Gedanken in meinem Kopf zur Ruhe zu bringen. Ich verlagere meine Aufmerksamkeit auf die Eiche. Ich denke über all das nach, was sie zu einem Individuum gemacht hat. Ich sehe Form und Struktur der kahlen Äste. Ich sehe den dunklen Riss in der Rinde. Ich sehe ein goldenes Blatt, das sich immer noch an den Baum klammert.

Und nach einiger Zeit an dieser Eiche auf der Wiese fühle ich mich viel ruhiger. Ich stehe auf und gehe über die Feldwege nach Süden, um schließlich nach Westen abzubiegen und das Tageslicht zu Dunkelheit verblassen zu sehen.

Eine Stunde später bemerke ich, dass der zunehmende Mond seit dem Nachmittag voller geworden ist. In dieser tiefen Dämmerung wirkt die Stille ganz leicht. In der Nacht wird sich dichtere Ruhe über das Land legen, aber jetzt habe ich das Gefühl, als versänke es sanft in der Stille, während der Abendchor der Vögel verklingt. Es kommt mir vor, als hätte ich seit einer Ewigkeit nicht mehr im Mondlicht gesessen. Die Wieseneiche glänzt metallisch schwarz. Ihre drahtigen Äste stehen wild und wirr vor den lose verteilten Sternen, die das Firmament füllen. Es ist nicht sonderlich kalt. Der Wind hat nachgelassen. Schichten von Kleidung halten die Nachtluft von meiner Haut fern. Meine Hände sind ungeschützt, aber warm. Ein gewisses Kältezwicken an der Nase ist alles, was ich von dieser Winternacht fühle, nichts als eine leichte Berührung. Am stärksten spüre ich die Stille der Nacht; sie lastet auf mir und dem Land ringsum, das sich gerade schlafen legt.

Die Nacht ist klar, und als ich die Taschenlampe ausknipse, sehe ich, dass das Mondlicht heller geworden ist. Der Stamm der Eiche ist jetzt von bleiernem Silberglanz erhellt, nur durchbrochen von den schwarzen Schatten der Äste im metallischen Licht. Ich gehe über die Wiese nach Hause. Vor dem Loch in der Hecke am Feldweg drehe ich mich noch einmal um und sehe die Eiche unter einer quecksilbrigen Decke, und als ich zu Hause an der Hintertür angekommen bin, erkenne ich, dass der untere Teil der Eiche in einen Schleier aus Mondlicht gehüllt ist, blass wie der Tod.

19. Februar

Manchmal müssen wir viele Jahre an einem Ort verbringen, bevor wir endlich wahrnehmen, was es dort zu sehen gibt.

Der Dichter und Umwelttheoretiker Gary Snyder beschrieb 1995 in seinem Buch *A Place in Space*, wie er zwanzig Jahre lang an einer alten Eiche vorüberging, bis er ihr eines Tages »echte Aufmerksamkeit schenkte« und »ihr Altsein, ihr Sosein, ihr Innerlichsein, ihr Eichesein fühlte, als wäre es [s]ein eigenes«. Ein Moment der Offenbarung und der Nähe. Er habe, so Snyder, das dramatische Gefühl gehabt, die Eiche »plötzlich kennenzulernen«.[2]

Bei mir und der Wieseneiche ist es ganz ähnlich. Erst vor Kurzem habe ich mir die Zeit genommen, dieser spezifischen Eiche Aufmerksamkeit zu widmen, über ihr individuelles Wesen nachzudenken. Jetzt verstehe ich, was es heißt, jede Eiche mit ihrem eigenen »Eichesein« zu sehen. Das ist nicht schwer. Es braucht nur ein wenig Zeit.

Man schaut sich die Eiche aus der Nähe an. Betrachtet das Muster des Stammes, die Äste, das Blätterdach. Dann fängt man an, die Einzelheiten zu erkennen, die diese Eiche von jedem anderen Eichenbaum unterscheiden, der auf der Erde wächst oder einst gewachsen ist. Jede Eiche ist einzigartig, genau wie jedes menschliche Wesen.

Der heutige Morgen ist explodierende Pracht. Die Sonne steigt riesig über den Feldern empor, hinter den Schatten des Seven Acre Wood. Buchfinken schreien aus den höchsten Ästen der Apfelbäume. Ich lasse mich von der Schönheit des Tages nach draußen ziehen und mache mich auf den Weg zum Zweieichenhügel. Als ich auf dem Gipfel ankomme, wirft die eben aufgegangene Sonne schräges Licht durch den wieder reinen Winterhimmel. Neben den beiden Eichen an der Westkante des Hügels bleibe ich stehen. Ich berühre die Rinde der einen, lehne mich an ihren Stamm und schaue hinab auf die Welt unter mir und den sich entfaltenden Tag. Diese beiden Eichen sind kein alter Adel. Sie sind aus Eicheln gewachsen, die von Hähern vor vielleicht zweihundert Jahren ausgesät wurden, nicht viel mehr. Trotzdem haben sie eine solche Präsenz, dass ich oft hierherkomme, um am Stamm der hinteren Eiche zu sitzen und die Welt eine Weile lang von oben zu betrachten. Der Boden hier besteht aus feinen, sandigen Gletschermoränen, die hangabwärts von Wind und Regen ausgewaschen wurden, sodass die Eichenwurzeln bloß liegen. Ein heiliger Bach fließt sanft nach Süden, um den Fuß des Hügels herum, und tut das schon seit so vielen Jahren, dass er ein flaches Tal gegraben hat. Eine doppelte Hügelspitze im Westen wird vom steinernen Turm einer Kirche bekrönt; eine Bank an ihrer Südwand bietet eine ebenso schöne Aussicht. Trotzdem sitze ich lieber hier bei den Eichen.

29. Februar

Heute stehe ich schon im Morgengrauen auf, gehe zum Feldweg und stehe an der langen Eichenhecke, während die Sonne sich in den klaren Himmel erhebt. Am Boden liegt immer noch der blasse Hauch des Raureifs. Über mir tschilpt eine Singdrossel stotternde Strophen ihres Gesangs von einem der oberen Äste. Verzaubert höre ich eine Weile zu und beobachte den Vogel, dann spaziere ich die ungefähr hundert Meter zurück zum Feldweg und zur Wiese. Der Mond, über dessen Aussehen am Abendhimmel letzte Woche alle gesprochen haben – seine pralle Schwellung, seine wirbelnden Farben: Pink und Violett und Orange –, hängt jetzt über der Wieseneiche, ein perfekter blasser Kreis. Und ich frage mich, was die Menschen der Vorzeit, deren Füße vor so vielen Jahren dieses Land beschritten, von der riesigen Scheibe am Himmel hielten. Sie lebten so viel stärker in der Natur als wir heute. Sie fühlten die Natur der Welt ringsum.

Ich komme bei der Wieseneiche an und setze mich für ein paar Sekunden – nach mehr fühlt es sich nicht an – neben sie, während sie ihre oberen Äste dem neuen, sauberen und frischen Licht des Tages entgegenstreckt, bis mich die Uhrzeit zwingt, heimzugehen, mich zu waschen und mich auf den Arbeitstag vorzubereiten. Aber selbst diese gestohlenen Sekunden lang hier zu sitzen, den Tag anzuhalten und in stiller Ehrfurcht zu sehen und zu hören, ist pure Seligkeit.

Gestern habe ich Filmaufnahmen einer historischen Ernteszene gesehen, das Verladen der letzten Getreidegarben auf den Wagen. Ein Eichenzweig wurde auf die fertig eingebrachte Ernte gelegt, dann kletterte ein junges Mädchen auf den Wagen, einen Blumenkranz im geflochtenen Haar. Wir machten uns Strohpüppchen aus den letzten, mit der Sense gemähten Kornhalmen, erzählte meine Mutter. Ein weiterer aussterbender ländlicher Brauch.

6. März

Morgendämmerung. Die Sonne steigt durch ein Meer aus Violett- und Orangetönen empor. Aus dem Wäldchen hinter der Wiese schraubt sich ein Bussard nach oben. Die Eiche scheint sich vor der aufgehenden Sonne zu strecken und zu recken.

Für heute Morgen war Schnee vorhergesagt. Der klare Himmel ist blau, und nur der Raureif färbt den Boden weiß. Spuren von Schneeflocken sind am Holzgeländer festgefroren, noch unberührt von der Sonne. Auf der Wiese erwacht die Eiche. Ich gehe durch kaltes, steifes Gras. Der Klappstuhl, den ich auf dieser freien Fläche immer stehen lasse, ist bereift; eine runde Eispfütze hat sich auf dem Sitz gebildet. Also schiebe ich mich näher an das dornige Gebüsch heran und sehe der Sonne zu, die sich ebenfalls heranschiebt, langsam immer mehr Land erhellt und schließlich die nördlichsten Astspitzen der Eichenkrone berührt. Sonnenlicht sickert herein. Das Leben kehrt als Girren und Zirpen und Zwitschern und fernes Bellen auf die Wiese zurück, mit den Lauten der Natur, den Stimmen der Morgendämmerung. Und ich bemerke, dass die Eichensämlinge, die auf der ganzen Wiese aus der Erde sprießen und aus dem ungemähten Gras ragen, den ganzen Winter über ihre Blätter festgehalten haben; sie schimmern rot wie Bronze.

Ich gehe zurück, überquere den Feldweg hinter meinem Haus und gehe die Straße entlang bis zu der Wiese hinter der Eichenhecke, wo ich den Sonnenaufgang besser sehen kann.

Und dann folgt ein ganz außergewöhnlicher Moment.

Ich erhasche einen Blick auf etwas sehr Seltsames. Irgendein Lebewesen, das die Straße hinunter in Richtung Osten flieht. Es hat durchaus menschliche Gestalt – lange Haare, vielleicht eine junge Frau oder ein Kind, in Grün gekleidet, gut getarnt zwischen Laub und Bäumen, aber nicht auf der teerschwarzen Straße. Einen Augenblick lang bin ich verzaubert. Ich weiß nicht recht, was ich von einem derart seltsamen Geschöpf halten soll, und frage mich, ob ich es wirklich gesehen habe. Doch dieses Morgenwesen wirkt zu real. Seine Flucht hat sogar einen Hund zum Bellen gebracht.

Ich gehe zurück zur Wiese und wünschte, ich wäre ihm gefolgt, was auch immer es war; also renne ich hinter ihm her die Straße entlang und versuche, einen zweiten Blick zu erhaschen. Aber ich weiß, jetzt ist es zu spät. Die Straße ist leer. Keine Spur von irgendjemandem.

Die Gestalt ist verschwunden, und ich frage mich, was zum Teufel ich da gesehen habe. Ich mache mir wirklich Sorgen, ich könnte halluziniert haben. Zurzeit lebe ich so zurückgezogen. Mein Geist ist nicht so gefestigt, nicht so sicher. Aber es ist wahr. Ich habe etwas gesehen. Ich habe einen kurzen Blick auf jemanden geworfen. Oder etwas. Und der Hund auf der anderen Straßenseite hat angefangen zu bellen. Er bellt immer noch.

Habe ich wirklich einen Grünen Mann die Straße hinunterrennen sehen? Ich muss lachen. Nein. Vor meinem geistigen Auge sehe ich das Wesen noch einmal – die schmale Gestalt, das lange braune Haar. Nein. Es war eher ein Grünes Kind als ein Grüner Mann. Und ich muss sofort an die Geschichte von den beiden Grünen Kindern denken, die vor vielen Hundert Jahren neben einer Wolfsgrube gefunden wurden, in einem Dorf, das gar nicht so weit von hier entfernt liegt.

Später, als der Tag vorüber ist, kehre ich zu Ralph of Coggeshall zurück, jenem Chronisten des 13. Jahrhunderts, dessen Bericht über die Grünen Kinder jetzt mehr als achthundert Jahre alt ist. Ich weiß, dass ich diese seltsamen Wesen schon erwähnt habe, aber irgendetwas zieht mich immer wieder zu ihnen hin. Der Bericht über ihr Auftauchen ist einfach zu reizvoll.

> Eine andere wunderbare Sache hat sich in Suffolk in St. Mary's of the Wolf-pits zugetragen. Ein Knabe und seine Schwester wurden von den Bewohnern jenes Ortes neben dem Eingang einer Grube gefunden, die dort ist, und die Gestalt all ihrer Glieder war ähnlich der anderer Menschen, aber sie unterschieden sich in der Farbe ihrer Haut von allem Volk der bewohnbaren Welt; denn die ganze Oberfläche ihrer Haut war von grüner Farbe. Niemand konnte ihre Sprache verstehen.[3]

Es wurde vermutet, die Geschwister kämen aus einer anderen Welt. Nach einiger Zeit lernte die Schwester anscheinend Englisch und berichtete schließlich, wie sie in dem Dorf in Suffolk gelandet waren.

> Oft fragte man sie nach den Menschen ihres Landes, und sie erklärte, dessen Bewohner und alles, was sie in jenem Lande hätten, seien von grüner Farbe, außerdem sähen sie keine Sonne, sondern hätten ein Maß an Licht wie jenes nach Sonnenuntergang. Danach befragt, wie sie mit dem genannten Jungen in dieses Land gelangt sei, versetzte sie, dass sie ihrer Herde gefolgt und dabei zu einer bestimmten Höhle gelangt seien und beim Eintreten in diese köstlichen Glockenklang vernommen hätten; von den süßen Tönen betört, seien sie lange Zeit durch die Höhle gewandert, bis sie zu deren Ausgang gelangten. Beim Hinaustreten seien sie durch das übermäßige Licht der Sonne und die ungewohnte Temperatur der Luft besinnungslos geworden, und so hätten sie lange Zeit dagelegen. Entsetzt vom Lärm der Näherkommenden wollten sie fliehen, aber sie konnten den Eingang der Höhle nicht wiederfinden, ehe sie gefangen genommen wurden.[4]

Die Geschichte klingt in der Originalversion so viel besser. Und durch einen wunderbar glücklichen Zufall hat Ralph of Coggeshall diese Worte tatsächlich in der Nähe der Honywood-Eiche geschrieben, zu jener Zeit, als der Baum seine ersten Wurzeln in die Erde streckte.

Natürlich gibt es auch noch das zweite berühmte Beispiel eines Grünen Kindes, über das ich schon vor einiger Zeit gestolpert bin – der Fall des Wilden Peter von Hameln, der 1725 in den deutschen Wäldern gefunden wurde. Auch er ist auf diesen Seiten schon kurz aufgetaucht, aber wie die Grünen Kinder von Woolpit kann ich auch ihn anscheinend nicht aus meinen Gedanken verbannen. Zwar war er nicht buchstäblich grün gefärbt, aber mit Sicherheit ein Kind der Wälder. Daniel Defoe schrieb über diesen Jungen, er sei »wie eine von der Natur selbst verlassene Kreatur« gewesen, »vollkommen wild, ungebildet, ungeformt«, und man habe ihn »gefunden oder, wie sie es ausdrücken, gefangen, in einem Hain oder Wald bei Hameln in Deutschland«.[5] Nachdem man ihn nach London gebracht hatte, kamen vornehme Gäste zu König George I., um den armen Jungen zu sehen, der jetzt in elegante Gewänder gekleidet war und als Laune der Natur begafft und bestaunt werden durfte, bis das Interesse unweigerlich abflaute. Aber der wilde Junge lebte weiter. Er verwandelte sich vom Waldkind in einen Mann des 18. Jahrhunderts. Als er im Alter von ungefähr siebzig Jahren starb, trug er einen weißen Vollbart und konnte verschiedene Fragen beantworten, allerdings immer nur mit den gleichen zwei Wörtern. Auf die Frage, was er sei, hatte er zu antworten gelernt: »*Wild Man*.«[6]

Entzückt von meiner Kaminlektüre über wilde oder Grüne Kinder denke ich wieder an das Wesen, das im Morgenlicht an mir vorbeigehuscht ist. Ich habe es wirklich gesehen. Selbst jetzt sehe ich noch das verschwommene Grün und das lange Haar vor mir und höre die bergab rennenden Schritte auf der Straße. Was auch immer es war, für mich war es real.

13. März

Am 26. Juli 1852 schrieb Henry David Thoreau in sein Tagebuch: »Durch meinen vertraulichen Umgang mit der Natur finde ich mich selbst vom Menschen entfernt. Mein Interesse an der Sonne, am Mond, an Morgen und Abend, zwingt mich zur Einsamkeit.«[7]

Ich habe herausgefunden, dass das stimmt. Wenn man mehr Zeit mit Eichen verbringt, setzt genau dieser Rückzug von anderen Menschen ein. Er folgt unweigerlich daraus, dass Bäume zu den alltäglicheren Gefährten werden. Aber das macht einen nicht unzufrieden, im Gegenteil, wer immer mehr Zeit des Tages, vom Morgengrauen bis zur Abenddämmerung und in die Nacht hinein, in Gesellschaft von Eichen verbringt, fühlt sich immer stärker mit der Welt im Einklang, und dadurch bekommt dieses Leben einen Sinn. Man steht bei Tagesanbruch auf, und man betrachtet den Sonnenuntergang. Man schaut des Nachts Mond und Sterne an und schläft dann tief, um am nächsten Tag wieder mit der Sonne aufzustehen.

Virginia Woolfs Romanfigur Orlando lebt wegen ihrer Vertrautheit mit der Natur ähnlich zurückgezogen von anderen Menschen und liebt

> einsame Orte, weite Ausblicke und das Gefühl, auf immer und ewig allein zu sein.
>
> So hauchte er denn auch nach einem langen Schweigen: »Ich bin allein«, und tut damit zum ersten Mal in diesem Bericht den Mund auf. Er war sehr schnell, und dabei Hochwild und Waldvögel aufscheuchend, zwischen den Farnkräutern und Hagedornsträuchern bergan geschritten und auf einen Bühel gekommen, welcher von einer einzelnen Eiche bekrönt war.[8]

Heute Morgen wird die Dämmerung wieder von Dunstschwaden und Nebel hinausgezögert.

Zwei Stunden später siegt die Sonne allmählich – sie strömt durch die Schleier. Ich trinke Kaffee, neben der Wieseneiche sitzend, und im richtigen Moment beginnt auf einem der äußeren Äste ein Distelfink zu singen. Ich schaue einer Blaumeise zu, die in den Höhen der Eiche auf der Jagd ist, denke an diese winzigen grünen Eichenwicklerraupen und frage mich, ob sie schon schlüpfen oder ob sie dank einer uns unbekannten Fähigkeit auf den Moment warten, in dem die Knospen anfangen, sich zu öffnen. Im Augenblick sind die Knospen noch braun. Ein Rotkehlchen und ein Zaunkönig singen ihre separaten Melodien. Die Blaumeise hat einen langen Schwanz bekommen – in den Höhen der Eiche scheint sie sich verwandelt zu haben.

Ich spaziere hinüber zum Zweieichenhügel, die Wiese hinunter und an der Kirche vorbei, und höre dabei den Feldlerchen zu, während die Wacholderdrosseln aus der Hecke stieben. Eine Singdrossel dreht und windet sich im Flug in ätherisch blasser Schönheit. Ich denke an Orlandos Hügel, »von einer einzelnen Eiche bekrönt«. Ich habe einen Zweieichenhügel.

Virginia Woolf erzählt, wie Orlando im Sommer auf seinem Eichenhügel ankommt:

> Er holte tief Atem und warf sich – etwas Leidenschaftliches in seinen Bewegungen verdient dieses Wort – am Fuß der Eiche auf die Erde. Er liebte es, inmitten all dieser sommerlichen Vergänglichkeit das Rückgrat der Erde unter sich zu spüren; denn das war ihm die harte Wurzel der Eiche; [...] allmählich beruhigte sich das Geflatter um ihn und in ihm; die kleinen Blätter hingen still; das Hochwild blieb stehn; die blassen Sommerwolken hielten inne; seine Glieder wurden schwer auf dem Boden; und er lag so regungslos, daß allmählich das Wild näherschritt und die Krähen um ihn kreisten und die Schwalben herabflitzend ihn umschwebten und die Libellen vorüberschossen, als wäre die ganze Fruchtbarkeit und verliebte Geschäftigkeit eines Sommerabends wie ein Flor um seinen Leib gewoben.[9]

Auf dem Zweieichenhügel fühlt es sich eindeutig nach Winter an. Ich bleibe stehen und lehne mich an die hintere Eiche, abgeschirmt in ihrem Windschatten, spüre den Baum, das »Rückgrat der Erde«, und schaue hinunter auf die Wälder und den Bach. Eine einzelne Elster fliegt über mich hinweg, hoch oben und nach Norden. Vor dem Wind geschützt, rätsele ich über dieses Vorzeichen und nippe an meinem

Kaffee. Zwei Menschen am Fuß des Hügels gehen neben einem Hund her, ungefähr vierhundert Meter südlich.

Ich ducke mich und kuschele mich ein.

4. April

An der Eiche kennen wir keine Angst.

Abenddämmerung an der Wieseneiche: Der Vogelgesang ist schon verstummt; die letzten Sonnenstrahlen malen ein Rippenmuster auf die Westflanke der Eiche. Das Feuer, das ich vor ungefähr einer Stunde in der hinteren Ecke der Wiese angezündet habe, brennt immer noch, und der Duft rauchenden Holzes liegt in der Luft, obwohl einsetzender Regen die Flammen fast gelöscht hat. Eine wunderbare Vereinigung der Elemente: Holz, Luft, Feuer, Wasser.

Als die Sonne hinter den Horizont taucht, fängt der Regen wieder an; seine Tropfen hallen blechern von den Eichenblättern wider. Der Tag scheint heute schnell zu ersterben. Der Zaunkönig, unsichtbar vor dem letztjährigen Laub im Graben, ist nur raschelnder Ton und braunes Flackern. Das Feuer muss fast aus sein. Ich spähe gen Süden und sehe immer noch eisblauen Rauch vor dem Weißdorn in die Höhe steigen wie einen Flaschengeist. Ich stehe auch auf, um heimzugehen. Die Eichen haben sich vor dem Abendhimmel in schwarze Silhouetten verwandelt.

5. April

Der Winter leidet an Amnesie.

Die Erinnerung an die Wiedergeburt des Frühlings ist nach den langen Monaten des Winterschlafs tief vergraben. Aber das Leben ist da. Es zeigt sich in den grünen Halmen, die aus der braunen Erde ragen und die nackte Erde in Gras verwandeln. Es steckt in den Eichenknospen, die an den äußersten Zweigen anschwellen. In der Stadt müssen die Magnolien in ihrer prachtvollen Anmut schon verblüht sein, ihre farbigen Blütenblätter auf gepflasterten Flächen liegen. Über den

Bürgersteigen öffnen sich die ersten Blätter der Rosskastanien; weich und wollig entfalten sie sich aus ihren braunen Schalen. Aber nicht hier in diesen kälteren Landstrichen, kargeren Welten, in denen die Erinnerung an frostige Nächte noch sehr real ist. Auf dem Land braucht alles Zeit zum Erblühen.

Ich komme am Zweieichenhügel an. Im Süden rattern Gewehrschüsse. Ich sitze im Windschatten einer dicken Wurzel. Dann gehe ich der Abwechslung halber zu der anderen Eiche auf diesem Hügel hinüber, deren Wurzeln in dem sandigen, schnell vom Regen weggespülten Boden sogar noch stärker freiliegen. Ich knie mich vor den Baum und spähe durch das Gewirr der Wurzeln. Ein Sonnenstrahl fällt in die sandige Kuhle, die sich unter dem Baum gebildet hat und mit leeren Eichelhüllen bedeckt ist. Eine perfekte Vorratskammer für Eichhörnchen – trocken und vollkommen versteckt. Hier können sie tun, was ihr Name ihnen vorschreibt: Eicheln sammeln.

Diese Eiche ist zerschrammt und zerbeult, mit freigelegten Wurzeln und verletzter Rinde. Ich schaue hoch und sehe, dass die Krone ebenfalls ramponiert ist; sie wirkt wie ein Hirschgeweih und ist schon vor langer Zeit einem Sturm zum Opfer gefallen. Aber wie alle Eichen, ob zerzaust und zerschlagen oder vornehm und prächtig, bildet dieser Baum eine Welt für viele florierende Lebensgemeinschaften. Lebendig und gesund oder hinfällig und todgeweiht – jede Eiche ist ein bewohnbares Universum. Und ich weiß, dass die Hirschhornwipfel der Eiche nur daher stammen, dass sich der Baum seiner trockenen Umgebung anpasst – den sandigen Böden und freiliegenden Wurzeln – und dass er sich damit in sein Inneres zurückzieht, um Energie zu sparen und sich auf das Wesentliche zu beschränken. Die zackige Blitzgestalt des Hirschgeweihs bedeutet nicht, dass die Eiche stirbt. Sie zeigt eher, dass die Eiche auf ihre Umgebung reagiert und bestrebt ist zu überleben – zu leben.

Ich gehe zurück und schlendere noch ein wenig auf dem Kirchhof herum, während die Lerchen über mir singen. Und da ist noch ein weiteres, eigenartiges Geräusch, wie ein Radio im Suchlauf. Ich weiß sofort, dass es sich um den Ruf eines Kiebitzes handelt, auch wenn ich etwas länger brauche, um seine flatternden, wehenden runden Flügel zu finden. Es ist in der Tat ein Kiebitz. Trotzdem verfliegt die Freude schnell, die ich anfangs bei seinem Ruf empfunden hatte. Nur eine Generation zuvor waren diese Wiesen voll solcher Töne. Heute verfolge ich den Flug dieses einsamen Vogels, sehe ihn allein am Boden stehen und könnte beim Anblick der armen Kreatur weinen. Wie lange noch, bis es gar keine mehr gibt? Wie lange noch, bis dieser Ruf nur noch als Tonaufzeichnung existiert, aufgenommen mit einer längst als veraltet geltenden Technologie?

Auf dem Bereich der Wiese, der kürzlich zum neuen Teil des alten Friedhofs geweiht wurde, ist ein frisches Grab ausgehoben. Selbst hier füllen weitere menschliche Leiber die Erde. Und während die Welt vor Menschen überquillt, quetscht sich der Rest der Natur in immer kleinere, immer ärmer werdende Fleckchen unserer Erde.

10. April

Ein Sonntag im zeitigen Frühling.

Nachmittags schlängele ich mich auf einem Kaninchenpfad durch eine Wiese und bleibe vor einer jungen *Bombus terrestris* stehen, einer riesigen Erdhummel, die sich im Schutz des frischen Grases ausruht. Als sie losfliegt, gehe ich weiter, ersteige den Zweieichenhügel und entdecke dort zum ersten Mal, dass ich noch höher steigen kann, geradewegs in und auf die zweite Eiche, an deren Ästen ich mit Leichtigkeit wie auf einer Leiter gen Himmel klettere, bis ich vier Meter über dem Boden bin. Ich setze mich und sage mir, dass dies in einigen Wochen ein perfekter Ort sein wird, wenn die Eichenknospen sich ganz geöffnet haben und die Sonne scheint und die Blaumeisen grüne Raupen für ihre junge Brut sammeln.

Ich bleibe eine Weile oben, mit einer Hand fest an einen Ast geklammert, bis ich spüren kann, dass die Wärme meiner Hand das

Eichenholz erwärmt hat. Und ich schaue über das Land, das unter mir liegt, nach Süden, woher ich gekommen bin.

Viele Schriftsteller beschreiben den Zauber, den es hat, unter einer alten Eiche zu sitzen, aber *in* einer alten Eiche zu sitzen, ist etwas ganz anderes. Man tritt aus seinem menschlichen Sein heraus und wird jemand anderer – eine Art Eichenwesen.

—

Ich sitze auf diesem Eichenast. Hoch über der Erde fühle ich, wie sich der Tag verwandelt: Die stupide Plackerei menschlicher Erfordernisse, die die letzten Stunden erfüllt hat, weicht jetzt, mit dem schlichten Sitzen auf diesem Baum, einer puren Unmittelbarkeit. Ich fühle die raue Haut der Eiche an meiner. Meine flatternden Gedanken verfliegen beim Klettern. Es liegt etwas äußerst Befreiendes darin, in der Eiche zu sein. Wenn man sich drei, vier Meter über die Erde erhebt, verändert das die Perspektive vollkommen. Aussicht bringt Einsicht. Meine rechte Hand umklammert die raue Rinde eines Eichenasts. Auf einem weiteren sitze ich. Und von dort aus lehne ich mich an den Stamm der Eiche, schaue mich um und fühle mich vollkommen gegenwärtig, als würde ich alles so sehen, wie es wirklich ist.

Ungefähr eine Stunde lang sitze ich auf diesem Ast. Ich fühle, wie der Baum schwankt und schwingt, bis ich mich widerwillig aufrappele und den Abstieg beginne. Zurück auf der Erde, fühlt sich mein Körper irgendwie leichter an, als hätte diese Erfahrung, die auf dem Eichenast in der Luft schwebend verbrachte Zeit, mir ein wenig meines sterblichen Gewichts genommen. Als ich über die ausgetretenen Wege nach Hause gehe, fühlt sich mein Tag anders an; die Bürde des Lebens lastet weniger schwer. Alles ist einfacher. Selbst als die Wolken sich hinter mir auftürmen, die Sonne verdecken und grau werden, kommt mir der Tag heller vor.

15. April

Nieselregen.

Ich bin wieder an der Honywood-Eiche, um mich in meinen vertrauten Schlupfwinkel an ihrer Westseite zu setzen. Den ganzen Vormittag über hat der Regen jede Illusion von Frühling zerstört. Gestern hat das Rollen und Donnern von Gewittern scharfe Aprilschauer gebracht, frisch und real. Heute ist das Grau des Winters zurück. Im Norden schreit ein Pfau. Ein Zilpzalp, gerade angekommen, bleibt bei seinem fröhlichen Lied. Gestern habe ich auf dem Weg in die Stadt zwei kleine Eulen aufgestört, die aus irgendeinem Grund am hellllichten Nachmittag wach und aufmerksam auf einer Eiche saßen. Die eine drehte sich mit einem verärgerten Blick zu mir um, bevor sie wegflog. Die andere stürzte sich einen Augenblick später als Federgestöber in ein Baumdickicht. Wir Menschen werden tatsächlich als Mörder gesehen, die durchs Land pirschen. Selbst wenn unsere Absichten ganz unschuldig sind, glauben alle Lebewesen ringsum, dass wir kommen, um zu töten. Die Tauben brechen schon aus den obersten Ästen der Bäume hervor, wenn ich noch hundert Meter entfernt bin, obwohl ich nie einen Schuss auf sie abgefeuert habe. Sie haben trotzdem Angst. Also fliegen sie weg. Alle fliehen vor uns. Wer fliegen kann, fliegt; wer keine Flügel hat, sucht ein Versteck. Wenn sich irgendein Mensch nähert, hechten die Kaninchen am Hügel in die dunkle Sicherheit ihrer Baue; das Rotwild hetzt in den Schutz des Waldes. Alle Lebewesen haben gelernt, vor uns wegzulaufen.

Heute sieht der Baum so aus, wie ich mich fühle, ein wenig verloren und feucht, durchweicht von der plötzlichen Rückkehr des Winterwetters. Bei Regen verschwinden die Wildtiere. Die Vögel, die gestern im Sonnenschein herumflogen, sind weg. Alles ist still. Alle Lebenszeichen sind ausgelöscht. An solchen Tagen endlosen Nieselregens kuscheln auch Menschen sich ein und verstecken sich drinnen.

Und doch – was ist das?

Es ist ein Baumläufer, der von Süden herbeifliegt, auf der Rinde herumwuselt und anfängt, sich um die oberen Äste der Eiche herumzuarbeiten. Dann kommt noch einer. Und die beiden arbeiten zusammen, als würden sie einen unsichtbaren Faden rings um die oberen Bereiche der riesigen Nordäste winden. Und dann verschwindet der eine in dem schattigen Spalt zwischen dem dunklen Stamm und dem hellen Ast.

Ich erstarre entzückt. Ich spüre den Moment, in ekstatischer Stille. Vom Boden aus spähe ich eine Weile nach oben in die ferne Dunkelheit, aber der Vogel taucht nicht wieder auf. Ich stelle mir vor, wie der Baumläufer unter einer Falte der alten Eichenrinde ein Nest baut – trocken und geschützt und bald schon ein Heim für seine Jungen.

17. April

Der Tag verblasst.

Ich komme bei der Eiche an, als die Sonne gerade untergeht. Auf dem Zweieichenhügel klettere ich zu meinem sicheren Sitz auf dem Ast und lasse mich nieder. Mein Rücken lehnt am Stamm. Mein Blick wandert zum westlichen Horizont, wo Schlieren aus Violett- und Rosatönen ankündigen, dass der Tag glorios zur Neige gehen wird. Als ich vor ein paar Stunden aus der Stadt flüchtete, lockte mich die Aussicht auf diesen Moment. Nach einem Tag in der Sonne ist die Eiche warm. Einige kostbare Augenblicke lang scheint es, als wäre alles gut. Und dann wird der abendliche Vogelchor vom düsteren Klang der Kirchenglocken auf der anderen Talseite durchbrochen. Ein heller Nachtvogel fliegt unten im Tal vorbei. In der Ferne höre ich menschliche Stimmen und bin unsicher, ob ich hier auf der Eiche bleiben und mich verstecken oder lieber zurück auf die Erde schlüpfen soll. Ich denke an Cosimo, Italo Calvinos »Baron auf den Bäumen«, der eines Tages auf einen Baum klettert und für immer im Reich der Zweige und Blätter bleibt.[10]

Ich steige hinab – aus der Luft in Richtung Erde. Die Kälte der Nacht kriecht sofort heran, als die Sonne hinter die fernen Hügel gleitet. Meine Füße berühren den Boden, und ich haste fort durch das Gras der Wiese.

18. April

Ich wache vor Tagesanbruch auf. Die kleinen Vögel ringsum auch. Wir stehen zusammen auf. Als ich mich recke und strecke, spritzen Spatzen in alle Richtungen.

Und in diesem Licht der Morgendämmerung taucht eine wunderbare Überraschung auf.

»*Hirundo domestica*«, flüstere ich der Frühlingsluft zu.

Es ist die erste Schwalbe des Jahres, und ihr Anblick lässt meine Gefühle fast überlaufen.

20. April

Ich gehe hinaus zum Zweieichenhügel. Eine einzelne Schwalbe fliegt über meinem Kopf eine Kurve; mit weit gespreizten Schwanzspitzen zischt sie durch den blauen Himmel.

Heute hat Sonnenschein die Welt verwandelt. Zwei Krähenpaare trudeln mit dem Wind über die noch ungepflügten Felder hinunter zur Erde. Ich gehe nach Süden.

Ich komme an einer alten Dame vorbei, die mit einer Schere das Gras in ihrem Garten schneidet. Sie fährt zusammen, als ich sie anspreche, obwohl ich nur »Guten Morgen« sage.

»Hallo«, antwortet sie, aber sie wirkt abwesend. Ihre Haare sind dünn und weiß wie Asche, ihre Augen weit aufgerissen und vertrauensselig.

Etwas verunsichert gehe ich weiter und folge den Kaninchenpfaden über die Wiesen bis hinauf zum Zweieichenhügel. Ich erklimme die Eiche und setze mich sicher hin, den Rücken gegen den Stamm gelehnt, versteckt und vor dem scharfen Ostwind geschützt. Ich lausche auf die Windgeräusche ringsum im Baum, auf die Vogelstimmen und staune erneut über die Unmittelbarkeit dieses Gefühls, in der Eiche zu sitzen, von den Armen des Baumes über der Erde gehalten zu werden.

Als ich mich umsehe, stelle ich fest, dass bis jetzt nur ein halbes Dutzend Knospen aufgegangen ist und seine wächserne, glänzende Blätterfracht enthüllt. Für die Eiche neben mir gilt das Gleiche.

Die Zeit vergeht.

Hundegebell auf dem Bauernhof weckt mich auf, obwohl ich gar nicht eingeschlafen war.

26. April

Diese Woche hat uns in den Winter zurückversetzt. Der Wind ist so eisig, dass meine Hände kalt werden, obwohl die Sonne scheint und über mir die Lerchen singen.

Gestern Abend habe ich an die riesigen Fußabdrücke aus Eiche gedacht, die Jonathan mir vor ein paar Jahren gezeigt hat, die einzigen Überreste jenes großartigen Eichenwalds, der sich einst über diese Ländereien erstreckte. Und mir fällt das Verlustgefühl wieder ein, das ich damals empfand; es kam mir vor, als würde ich über ein stilles Schlachtfeld wandeln.

Wir müssen klarsichtig und wachsam sein, sonst kommen Menschen mit Kettensägen und fällen die restlichen großen Eichen, die noch auf dieser Erde leben. Und es könnte in Zukunft keine großen Eichen mehr geben, wenn wir die jungen Eichen nicht schützen, die gerade erst wachsen. Wird es in achthundert Jahren noch uralte Eichen in diesem Land geben?

1. Mai

Heute bin ich wieder so randvoll mit Gefühlen, dass ich Angst habe, sie könnten überschwappen.

Die Natur lindert. Wie immer erleichtert mich schon der simple Akt des Vor-die-Tür-Tretens, des Gehens und Sehens, des Betrachtens meiner Umgebung. An der Wieseneiche beobachte ich das Zusammenspiel von Vögeln und Baum – mittlerweile unter einem zitronengelben Schleier sich öffnender Blätter – und erkenne mit leichtem Bedauern, dass der Mensch immer außerhalb dieses Zusammenspiels, dieses Lebensnetzwerks steht. Gab es in irgendeiner uralten, prähistorischen Welt eine Zeit, in der die Kreaturen nicht vor uns flohen, in der die Vögel nicht von den Eichenästen in die Lüfte stiegen, wenn wir uns näherten? Gab es eine Zeit, in der Menschen in ihrer natürlichen Umwelt nicht Furcht und Schrecken auslösten?

Wir entstammen der Natur. Und doch sehen wir uns selbst als getrennt von ihr.

An der Wieseneiche sitze ich unter dem abgehackten Geträller einer Gartengrasmücke; in den Pausen zwischen ihren Liedern höre ich die Antwort ihres Partners. Mit dem Vogelgesang ist der Tag so viel lebendiger, mit all dem Pfeifen und Piepsen, das in den oberen Gefilden hin- und hergeht. Und dann gibt es noch das volltönende Flöten des Vogelchors in der Morgen- und Abenddämmerung.

Das Blätterdach füllt allmählich die Zwischenräume zwischen den Ästen, in denen den ganzen Winter über der Himmel hing. Laub füllt Raum. Die Eiche dehnt sich aus. Der Baum atmet, und mit jedem Atemzug wächst er – er arbeitet sich auf die Qualitäten zu, die ihm die Menschen so oft zuschreiben, auf Stärke und Tapferkeit und Weisheit: die weise alte Eiche.

Ich versuche, so viel Zeit wie nur möglich in Gesellschaft von Eichen zu verbringen, und sehne mich nach einer Übertragung dieser Eigenschaften, danach, selbst ein wenig von ihrem Wesen und ihrem Charakter anzunehmen. Die Qualitäten, die wir der Eiche neben mir zuschreiben, würden wir alle uns wünschen. Ich denke an Thomas Hardys sanften Helden Gabriel Oak aus dem Roman *Am grünen Rand der Welt*; er hatte nach grausamen Schicksalsschlägen »zu einer Gelassenheit gefunden, die er vorher nicht gekannt hatte«.[11] Es ist schon der Name: Oak, »Eiche«. Ich glaube, wir als menschliche Individuen können wie Gabriel Oak versuchen, unser Selbstwertgefühl zu stärken. Wir können auf dieser Erde stärker und fairer sein und dazu beitragen, all jenen Lebewesen Heimat und Fürsorge zu bieten, die Seite an Seite mit uns leben.

Mit einem gequälten, unfreundlichen Schrei fliegt ein Eichelhäher von Norden heran und lässt sich auf einem der oberen Äste der Wieseneiche nieder; dort kreischt er auf und fliegt dann nach Osten, in Gesellschaft von drei anderen Hähern, deren Flügel ich aufblitzen sehe, bevor sie in dem Weidendickicht nebenan verschwinden. Der wieder eingekehrte Friede dauert nur wenige Sekunden, dann ertönt ihr Groll aufs Neue, während die vier nach Norden auf den Wald zufliegen, wo die Bussarde sind.

13. Mai

Zwölf Tage sind vergangen, seit ich das letzte Mal an einer Eiche saß. Im Winter können zwölf Tage vergehen, und es hat sich scheinbar nichts verändert, aber dies waren zwölf Tage im Mai. In dieser Zeit scheint sich die ganze Welt verwandelt zu haben. Das Eichenlaub, das vorsichtig hervorlugte, füllt jetzt kühn den Himmel. Die Vögel, die ich beim letzten Mal von Ast zu Ast hüpfen sah, singen jetzt unsichtbar, versteckt hinter dem Laubdach, von dem ich im Winter dachte, es würde nie wieder an den kahlen Ästen wachsen.

Der Frühling ist wieder da. Zwölf Maientage, und die Welt ist verwandelt. Ganz England ergrünt. Die Erde, die in den ersten langen Monaten des Jahres so trüb und tot wirkte, sprudelt jetzt vor Leben.

Mit einem toten alten Ast hacke ich mich durch das Gestrüpp aus Brombeeren und Brennnesseln, bis ich zu dem versteckten Campingstuhl neben der Wieseneiche gelange. Ein ganzer Wall aus Grün ist emporgeschossen – Brennnesseln, Brombeeren, Wiesenkerbel. Ich bin umschlossen von einer smaragdgrünen Höhle. Über mir sind die jungen Eichenblätter erschienen, sie werden immer breiter und härten an der Luft, obwohl sie sich immer noch wachsartig anfühlen. Ich schaue die Eiche an. Der Wind frischt auf. Die Sonne scheint und wirft zitronengelbes Licht durch das Blätterdach. In ihrem ganzen Leben war die Eiche noch nie so lebendig.

—

In Leo Tolstois *Krieg und Frieden* wird eine Eiche für Fürst Andrei, der um seine verstorbene junge Frau trauert, zu einem lebenswichtigen Symbol. Zum ersten Mal bemerkt er die Eiche im Frühling 1809, als er ein Landgut in Rjasan besucht, etwa hundertsechzig Kilometer von Moskau entfernt. Die Birken und Erlen sind allesamt mit frischem Grün überzogen. Anders als die Menschen in seiner Umgebung empfindet Andrei nichts, als er eine Eiche sieht:

> Mit ihren großen, plumpen, unsymmetrisch gewachsenen, krummen Armen und Fingern stand sie wie ein alter, ingrimmiger Krüppel, der die ganze Welt haßt und verachtet, mitten unter den lächelnden Birken da.[12]

Die Eiche will sich, wie er selbst, »dem Zauber des Frühlings nicht fügen«. Bei der Weiterfahrt durch den Wald dreht sich Andrei mehrmals nach der Eiche um, »als ob er von ihr etwas erwartete«.

> »Ja, sie hat recht, vollkommen recht, diese Eiche«, dachte Fürst Andrei. »Mögen andere, jüngere Leute sich von neuem dieser Täuschung hingeben; aber wir kennen das Leben; unser Leben ist zu Ende!«

Die Eiche und Andrei sind vereint:

> Eine ganze neue Reihe hoffnungsloser, aber wehmütig-freundlicher Gedanken zog, im Anschluß an den Anblick dieser Eiche, durch die Seele des Fürsten Andrei.

Sechs Wochen später kehrt Andrei in genau diesen Wald zurück. Er ist allein auf der Heimreise. In der Nacht zuvor hat er die ekstatische Stimme der jungen Natascha gehört, die entzückt staunend in die mondbeschienene Nacht hinausblickte. Andrei sucht nach der gleichen alten Eiche.

> »Ja, hier in diesem Wald stand doch jene Eiche, in der ich mein Ebenbild erkannte«, dachte Fürst Andrei. »Ja, wo ist sie nur?« fragte er sich, nach der linken Seite des Weges blickend, und betrachtete bewundernd, ohne es selbst zu wissen, ohne sie zu erkennen, eben jene Eiche, die er suchte. Die alte Eiche, ganz verwandelt, breitete sich jetzt mit ihrem saftigen, dunkelgrünen Laub wie ein Zelt aus und schwelgte, kaum ein Blatt rührend, in den Strahlen der Abendsonne. Weder krumm gewachsene Finger, noch Narben, noch altes Mißtrauen und Leid, nichts derartiges war mehr zu sehen.

Es ist ein Offenbarungsmoment, eine Erleuchtung.

> »Ja, das ist dieselbe Eiche«, dachte Fürst Andrei, und plötzlich überkam ihn, eigentlich ohne tatsächliche Ursache, ein Frühlingsgefühl der Verjüngung und der Freude. Alle diejenigen Augenblicke seines Lebens, wo wahrhaft gute Empfindungen sein Herz erfüllt hatten, kamen ihm gleichzeitig ins Gedächtnis [...].

Ein fester Glauben an die Zukunft erfasst ihn.

> »[...] alle sollen sie mich kennenlernen, damit mein Leben nicht für mich allein dahingehe, und damit sie ihr Leben nicht so abgetrennt und unberührt von dem meinigen führen, und damit mein Leben auf sie alle zurückwirke, und damit sie alle mit mir vereint leben!«

Sein Kummer, seine Verzagtheit und seine Verzweiflung über das Leben sind verflogen.

16. Mai

Das Gras unter meinen Füßen ist dick und saftig. Ich trete durch das Holztor auf den Weg zur Honywood-Eiche. Das vertraute Tröten der Graugänse ist zu hören. Ich sehe die Eiche, als wäre es das erste Mal. Sie steht in Blüte, umhüllt von einer grünen Blätterwolke.

Es fühlt sich an, als hätten meine bisherigen Besuche in einer anderen Welt, einem anderen Leben stattgefunden. Wie ausgewechselt lächele ich in mich hinein. Ich bin verzückt.

Ich hatte vergessen, wie wunderbar es ist, hier auf der Bank zu sitzen und den Tageslauf der Eiche zu beobachten, das Kommen und Gehen ihres Gefolges aus kleinen Tieren, Vögeln und Insekten. Im Zentrum dieser Gemeinschaft steht die Eiche – ein einzelnes Wesen, dessen Gerüst, dessen Existenz für so viele andere lebenswichtig ist. Und ich weiß, dass ich nur ein weiteres unter all diesen Lebewesen bin, wenn ich in den Schatten der Honywood-Eiche trete und ein Weilchen an ihrem tröstlichen Stamm raste. Ich weiß, ich bin nur einer unter vielen, denen die Eiche Behaglichkeit und Trost bietet.

Ich stehe auf und verlasse die Bank, um mich noch ein wenig an die Eiche zu setzen.

Neben der Honywood-Eiche, auf deren Stamm meine linke Hand ruht, ertönt das sanfte Flattern von Flügeln, ein Flirren – und ein Baumläufer landet etwa zwei Meter über mir. Die zierliche Biegung seines Schnabels ist ganz nahe. Ich kann nicht atmen. Der Vogel hat einen stacheligen Klumpen aus Fliegen erbeutet. Er hält kurz inne, dann steigt er am Hauptstamm empor bis zu einem Riss in der Rinde und verschwindet in der Eiche.

Mir kommt es vor, als würden die Lebewesen dieser Welt meine Gegenwart immer weniger fürchten, je mehr ich mich von meinen Mitmenschen zurückziehe.

23. Mai
Der Tag beginnt grau. Dann lässt Sonnenschein den Vogelgesang erwachen. Neben der Honywood-Eiche ruft ein Zilpzalp unaufhörlich auf dem Wipfel einer Esche. Jedes *Zilp*, jedes *Zalp* wird vom Wippen seiner Schwanzfedern gespiegelt. Dann sehe ich, wie sich der Vogel hin- und herdreht; anscheinend ist er so aufgeregt, wie sein Ruf klingt. Vielleicht hat er das Gefühl, dass die Zeit drängt. Die Jahreszeit wechselt. Und er hat noch immer keine Partnerin gefunden, die seinen Ruf beantwortet.

Ein Baumläufer taucht auf und schraubt sich an der Westseite der Honywood-Eiche empor. Die helle Bauchseite des Vogels passt farblich perfekt, als er eine Stelle überquert, an der sich die Eichenrinde abgelöst und das Splintholz freigelegt hat. Ich schaue zu, wie er unter der Rindenkante herumstochert; mit seinem gebogenen Schnabel, der aussieht wie der Rüssel eines Eichelbohrers, kann er weit ins Innere der Eiche eindringen. Er gräbt und pickt und sucht weiter, dabei schleudert er abgelöste Rindenstückchen in die Luft, die sechs Meter weiter unten auf dem Erdboden landen. Ein zweiter Baumläufer taucht auf, ebenfalls an der Westflanke der Eiche; er hält schon etwas im Schnabel. Ich kann ein Gewirr aus Insektenbeinen und -flügeln erkennen. Er flattert hoch und fliegt zu einem der äußeren Äste. Ich krieche über die Laubstreu näher heran, bis ich die raue Berührung der Eichenrinde an meiner Haut spüre. Die beiden sind nicht mehr zu sehen. Irgendetwas bewegt sich. Der Nordwind bläst herein. Ich fühle einen seidigen Spinnwebfaden auf meiner Hand und schaue hinauf in die Eiche. Ein Flackern, ein Zischen, und die zwei Baumläufer sind wie aus dem Nichts wieder da. Ich trete zurück, will ein wenig warten und wahrnehmen. Die Vögel schlängeln sich auf gewundenen Wegen um die Außenseite der Eiche nach oben. Einer huscht auf einen Ast, und plötzlich verliere ich beide aus den Augen, während sie auf getrennten Wegen gen Himmel streben. Einer taucht wieder auf und lässt sich auf der hufeisenförmigen, tief eingeprägten grauen Stelle nieder, an der vor Jahrhunderten ein Ast wuchs und dann abfiel. Dort verschwindet der Baumläufer. Er hat sich unter ein Stück Rinde gezwängt: ein Eingangstor zum Inneren der Eiche, hinter dem junge Baumläufer darauf waren, gefüttert zu werden. All das sehe und erfahre ich einfach dadurch, dass ich zurücktrete und warte und die Honywood-Eiche beobachte.

Ich schleiche näher heran und stelle mich auf den Vorsprung in meinem Schlupfwinkel an der Westseite der Eiche. Aus einem halben Meter Entfernung spähe ich in den Zugang unter der Rinde. Einer der Baumläufer ist drinnen, der andere landet gerade nur einen Meter entfernt. Ich kann sein geflecktes Gefieder sehen, die gewölbten Flügel, den gebogenen Schnabel – und die gespreizten Beine der Fliege, die darin steckt.

Ein Rotkehlchen taucht auf; seine rote Brust ist so klar und strahlend, dass sie selbst aus zehn Metern Entfernung einen Farbklecks bildet. Es sitzt neben einem dunklen Kreis, dem hohlen Ende eines riesigen, nach Westen ragenden Astes. *Robin* heißt das Rotkehlchen auf Englisch, und ich denke an Robin Goodfellow – Elf, Waldgeist, Freudenbringer. Und dann singt das Rotkehlchen.

Sein Lied klingt, als verkörperte es den Geist des Baumes, als wäre es in der Tat die Stimme der Dryade, das Lied der Eiche.

Mir wird leichter.

Von der Honywood-Eiche aus gehe ich nach Süden und brauche einen Moment, bis ich die andere große Eiche in der Nähe sehe, die von dem uralten, vor einem halben Jahrhundert gefällten Wald übrig geblieben ist. Auch sie ist ein bemerkenswerter Baum. Ungefähr fünfhundert Jahre alt und mit einem von Blitzschlag geschwärzten Inneren. Sie wird »Schreiende Eiche« genannt, *Screaming Oak*, weil auf dem hellen Splintholz ein entsetztes Gesicht zu sehen ist; die Augen bestehen aus zwei dunklen Löchern, in denen einst Vögel nisteten. Dieser zerrupfte, zerzauste Baum weckt ein Gefühl von Traurigkeit darüber, dass eine so großartige Eiche so verstümmelt werden kann. Und dennoch trägt er eine Krone, die zwar verkümmert ist, aber weiterhin frische grüne Blätter bildet; der Baum ist nach wie vor lebendig und könnte es noch viele Jahre lang bleiben.

Es ist gut, daran erinnert zu werden, dass jede einzelne Eiche, die ich kennenlerne, ihre individuelle Besonderheit hat, die sich in ihren physischen Eigenschaften widerspiegelt. Ich spaziere um die Schreiende Eiche herum und sehe die besonderen Facetten und Eigenheiten des Baumes: die beiden riesigen abgerissenen Äste im Norden, die Wildbienen, die aus einer weiteren dunklen, vor Jahren von einem Specht gehämmerten Öffnung strömen. Dieses Loch war einmal ein Heim, ein Nest, aus dem über die Jahre viele Singvögel ausflogen ans Licht. Und heute ist es die Heimat eines Bienenvolkes.

Ich gehe nach Norden, zurück zur Honywood-Eiche, die als einzige andere alte Eiche noch hier steht, nur hundert Meter entfernt. Und ich schwöre mir, dass ich von nun an versuchen werde, die Besonderheit jedes einzelnen Lebewesens, das ich kennenlerne, zu erspüren.

—

Als endlich meine Begegnung mit dem Künstler Stephen Taylor ansteht, bin ich spät dran. Ich schiebe es auf die Sonntagsfahrer. Wir haben telefoniert und einen Termin am Sonntagnachmittag gefunden, deshalb fahre ich gemächlich nach Ely, über die sonnigen Landstraßen von Suffolk, bis sich der Himmel noch weiter über der Moorlandschaft öffnet und eine sonnenbeschienene Kathedrale am Horizont erscheint.

Bei Stephens Haus angekommen, werde ich die Treppe hinauf in ein Wohnatelier geführt, das vom Bild eines Wasserfalls, noch auf der Staffelei, dominiert wird. Er hat es gerade vollendet. Das Wasser, das in Sturzbächen herabschießt und durch Becken strudelt, sieht unglaublich lebensecht aus. Stephen hat eine bemerkenswerte Fähigkeit, die Natur zu malen. Die Genauigkeit und Wirklichkeitsnähe sind erstaunlich. Aber er weiß, dass ich gekommen bin, um über seine Eichenbilder zu reden. Vor ungefähr einem Jahrzehnt hat er drei Jahre damit verbracht, fünfzig Gemälde der gleichen Eiche auf einer Wiese im Norden von Essex anzufertigen.

Er steht in der Küche und macht Tee und erzählt von einer Zeit, in der er das ganze Jahr über seine Tage und Nächte damit zubrachte, eine Serie von Porträts einer Eiche zu malen, mit Titeln wie »Eiche mit Krähen«, »Eiche nach dem Schnee«, »Eiche bei Nacht im Winter«. In seinem gemütlichen braunen Fleecepulli und Jeans wirkt er sanftmütig, aber die Augen hinter seiner Brille strahlen in aufrichtiger Intensität. Sie ist auch in seinen Worten zu spüren. Er ist ein leidenschaftlicher Künstler und brennt darauf, über seine Arbeit zu sprechen.

Wir gehen in einen Nebenraum, wo das große Bild eines Weizenfeldes eine ganze Wand ausfüllt. Stephen fängt an, seine Geschichte zu erzählen. Er deutet auf das Bild: »Da drüben ist West Bergholt. Und Ronnie Blythe, der Schriftsteller, wohnt drei Kilometer in dieser Richtung.« Das Weizenfeld liegt im nördlichen Essex.

»Und da ist deine Eiche«, sage ich.

»Ja, stimmt«, sagt er.

Damals hatte Stephen allerdings noch keinen spezifischen Blick für Eichen. Er war auf der Dreihundert-Hektar-Farm von zwei Freunden zu Besuch, die aus Neuseeland zurückgekehrt waren. Nachdem Stephen gefragt hatte, ob er auf den Feldern malen dürfe, und die beiden bereitwillig zugestimmt hatten, machte er sich an die Arbeit. Stephen wusste, dass er außer Bill, der die Farm leitete, und Reg, seinem Helfer, niemandem begegnen würde. Er hatte freie Hand. Das Gebiet, auf dem er herumspazieren konnte, war riesig, und die Freiheit, einen so großen Raum zu durchstreifen, erwies sich als extrem heilsam.

»Als ich mit all dem begann, war ich seelisch ein wenig angeschlagen«, erklärt er. »An einem Ort zu sein, wo alles grün war und das Feld sozusagen mir gehörte … das war ein wenig wie Freilufttherаpie.« Er lacht kurz und sagt dann langsam, jedes Wort betonend: »Es linderte die Angst.«

Ich murmele etwas Zustimmendes, lasse ihn aber weitersprechen.

»Ich hatte eindeutig das Gefühl, dass das die Erdung war, die ich brauchte. Und das erlaubte mir, präziser zu malen.«

Einen Teil dieser Geschichte kannte ich schon; ich erinnerte mich an etwas, das Stephen in seinem Buch *Oak* geschrieben hatte.

»Du hattest gerade beide Eltern verloren, oder?«, frage ich.

»Und meine Freundin und meinen besten Freund«, ergänzt Stephen. Innerhalb von ungefähr sechs Jahren wurden ihm alle Menschen geraubt, die er geliebt hatte.

»Man steckt in dieser intensiven Trauer, und dann kommt der nächste Verlust und dann noch einer …«, sagt er nervös. »Und man hat das Gefühl, in einem Niemandsland zu sein. Ohne jede Verbindung zur normalen Welt.«

»Und dann wurde die Farm eine Art geschützter Raum«, rate ich.

Stephen lacht leise.

»Ja«, sagt er zustimmend. »Ein geschützter Raum.«

Anfangs waren es die weiten, offenen Landschaften der Farm, die eine Art Trost boten. Indem er immer wieder zurückkehrte, konnte er in diesen Raum eintauchen.

»Es war ein Prozess der Erdung«, erzählt Stephen. »Man sieht immer mehr. Und dann vergisst man sich selbst. Schließlich findet man heraus, wer man ist.«

Er lächelt. Ich drehe mich wieder zum Getreidefeld neben uns um.

»Das ist ein seltsamer Prozess«, ergänzt er. »Es klingt ein bisschen seltsam, oder nicht? Aber je länger ich dort war, desto stärker erkannte ich, dass die Natur einfach ein Urquell ist. Man kann immer wieder zu ihr zurückkehren. Das Leben war chaotisch, aber man bekam das Selbstvertrauen, mit dem Chaos umzugehen.«

Die Felder der Farm waren eine wohltuende Umgebung. Wenn er dort draußen war, konnte Stephen zu seiner professionellen Praxis zurückkehren – dem Malen. Und der Akt des Malens erwies sich als die heilsame Betätigung, die er brauchte. Er konnte sich auf die unmittelbar vor ihm liegende Aufgabe konzentrieren. Er fokussierte alle Gedanken darauf, ein bestimmtes Feld zu malen, das an einem kleinen Hang lag, auf die Welt, die sanft vor ihm wogte. Das Ergebnis war das Bild, das vor uns an der Wand hing. Nach dessen Fertigstellung hatte er einfach mit dem nächsten angefangen.

Wir gehen zurück in den Wohnraum, wo eine vertraute Landschaft mit einem Getreidefeld die Wand bedeckt. Es ist ein weiteres Gemälde des gleichen Feldes. Zwei Tauben fliegen über einen ansonsten leeren Sommerhimmel. Eine einsame menschliche Figur geht eine Traktorfurche entlang.

»Da ist Bill wieder«, erklärt Stephen. Bill ist der Leiter der Farm.

Eine Episode in New York hatte dazu geführt, dass er in dem, was er tat, eine tiefere, persönliche Wahrheit wahrnahm. Das Gemälde, das wir jetzt vor uns sehen, wurde in einem riesigen Ausstellungsraum in Manhattan gezeigt.

»Ein Gangster aus der Bronx kam vorbei. Er hatte diese braunweißen Schuhe an und einen extrem teuren Kamelhaarmantel.« Stephen lacht, als er sich daran erinnert. »Es fehlten nur noch die Gamaschen. Hinter ihm ein paar riesige Kerle. Und er kam an mir vorbei, und ich sprach ihn an – höflich, sehr höflich –, und dann merkte er, dass es kein Foto war, und er sagte: ›*Holy Moley!*‹« Stephen ahmt einen affektierten New Yorker Akzent nach. »Und dann fragte er: ›Ist das dein Dad?‹« Stephen beugt sich vor und zeigt auf Bill, die einsame Figur auf dem Bild an der Wand. Eine brüchige Sekunde lang schweigt er.

»Ach so«, murmele ich.

Stephen hatte das damals gar nicht im Sinn gehabt, aber diese Frage hatte etwas sehr Schmerzliches.

»Bill wurde so eine Art …« Seine Worte driften weg. »Daran hatte ich überhaupt nicht gedacht.«

»Glaubst du, dass hier ein Element von …«, setze ich an.

»Ja«, sagt Stephen. »Bill ist ein arbeitender Mann, der über sein Land geht. Mein Vater starb ein paar Jahre vorher. Er war ein arbeitender Mann. Verstehst du, was ich meine?«

Ja, das tue ich.

»Insofern öffnete mir diese seltsame Begegnung in New York die Augen für die psychologische Dimension dessen, was ich machte«, erklärt er. »Ich hatte mir selbst eingeredet, es wäre erkundender Naturrealismus. Aber es war auch noch etwas anderes. Ich war wirklich fassungslos, als dieser Amerikaner fragte, ob das mein Dad sei. Ich meine, ja, er musste es sein! Und ich hatte es nie gemerkt. Da war sicher Sublimation dabei.«

»Und die fließt in die Kunst ein«, füge ich hinzu.

»Das tut sie.«

Nach der Ausstellung seiner Landschaftsbilder mit dem Getreidefeld fand sich Stephen auf den Straßen der Stadt Colchester wieder. Er kehrte auf die Dreihundert-Hektar-Farm zurück, um die Sommermonate in der Freiheit der Felder zu genießen, die er beim Malen kennengelernt hatte.

»Ich trieb mich einfach auf den Feldern herum, beobachtete die Vögel und plauderte mit Bill«, erzählt er. »Ich wartete darauf, dass ein Motiv auftauchen würde.«

Dann entdeckte er die Eiche.

Er malte sein erstes Eichenbild, *Green Fire*. Das zweite Bild der Eiche malte er im Herbst. Der Baum hatte sich verwandelt. Blätter in Gold-, Bronze- und Orangetönen füllten die Leinwand. Stephen fühlte, dass sich etwas verschob, als er beide Bilder zur Hand nahm und verglich. Es war die gleiche Eiche, auf die gleiche Art gemalt, aber ganz verschieden. In ihm regte sich etwas.

»Da war so ein rohes Gefühl …« Stephens Gesicht verzerrt sich, während er seine Hände zu Klauen verkrampft. »Ich dachte nur: Verdammte Sch…!«, sagt er.

Bei diesen Worten zucke ich ein wenig zusammen. Aber ich weiß, was Stephen meint. Wir haben uns auf ein Terrain vorgewagt, wo es keine rechten Worte für die Gefühle gibt, die man empfindet.

»Das ist der Moment«, sage ich vorsichtig.

»Der Moment, in dem man es weiß.«

Während der nachfolgenden drei Jahre war eine bestimmte, zweihundertfünfzig Jahre alte Eiche das einzige Motiv von Stephens Malerei. Diese fünfzig Porträts, auf denen die Eiche bei jedem Wetter und jeder Jahreszeit dargestellt ist, geben dem Baum eine individuelle Bedeutung. Es kommt selten vor, dass ein einzelner Mensch so viel Aufmerksamkeit von einem Maler bekommt, von einem Baum ganz zu schweigen. Jedes Porträt zeigt einen bestimmten Wesensaspekt der Eiche. Auf dem Bild *No Moonlight* (»Ohne Mondschein«) ist die Eiche ein dunkler Fleck vor dem noch dunkleren Streifen einer Hecke. *Spring Haze* (»Frühlingsdunst«) zeigt sie im Frühling, belebt vom ersten Hauch des neuen Austriebs.

Die Eiche wird zum zentralen statischen Element, um das alles andere kreist. In Stephens Buch *Oak* lautet seine Anmerkung zu einem der Bilder:

> Als ich dies malte, hatte ich *»Burnt Norton«* im Hinterkopf, eines der Gedichte aus *Vier Quartette* (1944) von T. S. Eliot; darin wird ein Baum am »stillen Mittelpunkt der bewegten Welt« erwähnt.[13]

Auf einem anderen Bild schießt eine Taube über die Leinwand, vor dem grünen Filz des Eichenlaubs. Ich zeige es Stephen noch einmal.

»Das mag ich sehr«, sagt er mit einem breiter werdenden Lächeln. »Mir gefällt es, dass der Vogel vorbeikommt.«

»Es fängt genau diesen Augenblick ein«, sage ich.

Stephen nickt. Er ist wieder ganz begeistert und versucht tapfer, nicht beschreibbare Gefühle in Worte zu fassen.

»Der Vogel ist …«, beginnt er. »Wie bei dem Dichter Gerard Manley Hopkins … Der Vogel ist eine Art weltlicher Heiliger Geist, oder nicht?«

»Absolut«, stimme ich ihm zu.

Stephen sinniert darüber, was genau er mit diesem angeschnittenen Bild von Vogel und Eiche einzufangen versuchte, über die Intensität dieses Bruchteils von Leben.

»Es ist ein Moment des Blicks«, erklärt er. »Und er ist vorbei, sobald er stattgefunden hat.«

Ich erwähne den Begriff des *satori* aus dem japanischen Buddhismus.

»Genau diese Art von Augenblick ist das. Ein Vogel, der vorbeizischt. Ein Hase, der erstarrt und uns anstarrt. Ein flüchtiger Blick auf die wahre Natur aller Dinge.«

Stephen kommt wieder auf T. S. Eliot.

»Es ist der gleiche Blick wie der des Vogels in *Vier Quartette*. ›Schnell, sprach der Vogel‹.«[14]

Als Teenager hatte er Eliots Buch durch ganz Frankreich mit sich herumgetragen.

»Das ist meine Bibel«, sagt er. »Seit meinem neunzehnten Lebensjahr habe ich sie in der Tasche.« Wir kommen auf transzendentale Themen. Das passiert leicht. Als wir wieder zur Eiche zurückkehren, geht es um jenen Augenblick im Frühling, in dem die Eiche wieder zum Leben erwacht.

»Ich sah, wie die Eichenknospen herauskamen«, sagt Stephen. »Und sie sind wirklich eigenartig – rosarot, fast wie Plasma, wie Blut. Sehr ungewöhnlich. Und wenn das Licht darauffällt, an einem sonnigen Tag, haben sie eine Art warmes Lachsrot. Wie das Leben.«

Bei der Erinnerung grinst er. Dann kommt er auf ein weiteres literarisches Zitat: Fürst Andrei und die Eiche, die in *Krieg und Frieden* zum Leben erwacht und Andrei die Sicherheit gibt, dass eine glückliche, harmonische Zukunft vor ihm liegt.

»Das war noch ein Grund, warum ich mich der Eiche zugewandt habe. Du weißt ja, eine Eiche im Winter ist fast wie ein Felsen – sie steht schwarz und unbeweglich in der Landschaft. Uralt. Tot. Und dann kommen im Frühling plötzlich diese kleinen rosa Dinger zu Tausenden heraus, und man hat so ein ›Wow‹-Gefühl.«

Ich weiß.

»Und mir fällt auf, dass es etwas mit der Langlebigkeit der Eiche zu tun hat, die für uns eine große kulturelle Bedeutung hat«, sage ich. »Sie kommt immer wieder zurück.«

»Das tut sie«, stimmt Stephen zu. »Sie steht außerhalb der menschlichen Zeit. Man kann keinen Gedankensprung ins Leben einer Eiche machen. Das wäre ein Sprung über die Artengrenze. Wir können das nicht.«

»Und wir haben eine Art angeborenen Respekt davor. Ich glaube, das ist es, was uns diesen Trost gibt. Dass eine Eiche Generationen von uns erlebt. Vielleicht ist sie deshalb ein Baum, zu dem wir mit unserem Kummer gehen und der ihn irgendwie lindert.« Ich suche nach der richtigen Formulierung. »Obwohl wir das im jeweiligen Moment gar nicht merken. Wir sagen nicht ausdrücklich: ›Ich bin traurig, deshalb gehe ich jetzt zur Eiche.‹ Aber auf einer anderen Bewusstseinsebene fühlen wir uns erleichtert. Die Eiche ist immer da. Wir können immer zu ihr zurückkehren.«

»Ja«, sagt Stephen.

»Ich meine, du hast drei Jahre mit dieser Eiche verbracht.« Ich zeige auf die Eiche in der gemalten Landschaft an der Wand vor uns.

»Ja.«

»Du kennst diesen bestimmten Baum so gut. Du kennst den individuellen Charakter dieses Baumes«, sage ich. »Du könntest diese Eiche aus hundert nebeneinanderstehenden Eichen herauspicken.«

Stephen lacht.

»Klar. Ich könnte sie auf einem Polizeirevier aus einer Reihe verdächtiger Eichen heraussuchen.«

Was für ein Bild.

»Genau die war's! Die ist auf das Kind gefallen!«, ruft er scherzhaft mit der Stimme eines Staatsanwalts vor Gericht. »Und zwar mit Absicht!«

Wir lachen beide.

Aber mich interessiert die Frage, wie es sich für Stephen anfühlte, immer wieder zu genau dieser Eiche zurückzukehren und das nächste Porträt anzufangen.

»Es fühlte sich an, als würde ich in einen Raum meines eigenen Hauses zurückkommen. Für viele der kleineren Eichenporträts saß ich auf dem Feld, an genau der gleichen Stelle. Und an dieser Stelle, wo ich saß, wurde die Erde allmählich hart. Drei Jahre lang kam ich immer wieder dorthin zurück. Ich hatte eine Beziehung zu dieser Stelle. Ein bisschen wie zu einem bequemen Sessel im Lieblingszimmer. Ich ging immer wieder hin.«

Stephen kehrte stets aufs Neue zu dem Feld und der Eiche zurück, um dem »alltäglichen Handwerk« des Malens nachzugehen. Es stellte den Ballast in seinem Leben dar. Später, nachdem seine fünfzig Eichenbilder ausgestellt worden waren, suchte er das Feld noch einmal auf.

»Ich lag am Fuß der Eiche, am Feldrand, und es fühlte sich an wie auf einem Sofa. Der Baum stand neben mir. Die Sonne schien. Da war diese wunderbare Himmelslandschaft. Und ich erlebte einen dieser Wonnemomente. Es war einfach sehr, sehr schön.«

Ich denke an Orlando auf der Erde unter seiner Eiche.

Stephen wusste, er konnte entweder sein restliches Leben lang immer wieder an diesen Ort zurückkehren – oder seiner Wege gehen.

»Und die Tür ging zu. Inzwischen war schon viel Wasser den Bach hinuntergeflossen«, erklärt er. »All die Gründe, auf dem Feld oder an der Eiche zu sein, waren weg. Das Trauern war schon lange vorbei.«

Sieben Jahre lang hatte er dieses Feld besucht und drei davon an der Eiche verbracht.

»Du bist nicht gezielt dorthin gegangen, um geheilt zu werden«, sage ich. »Aber trotzdem, irgendwie …«

»Es war hilfreich«, fügt Stephen hinzu, schweigt kurz und wiederholt dann: »Es war hilfreich.«

»Und die Eiche wurde ein Teil dieses Prozesses.«

»Das ist richtig.«

24. Mai

Auf dem Weg zum Zweieichenhügel sehe ich schon aus fünfhundert Metern Entfernung die beiden Eichen grün am Horizont emporragen. Jede hat ihren ganz eigenen Farbton. Die hintere, in deren Windschatten ich so oft gesessen habe, ist eher blass hellgrün; die Krone der vorderen, auf die ich in letzter Zeit über die Asttreppe geklettert bin, zeigt ein viel satteres Grün, auch wenn ich nicht weiß, warum das so sein sollte.

In nur wenigen Tagen hat sich die Wiese verwandelt. Der Kaninchenpfad, dem ich folge, ist tief in die Wiesengräser eingeprägt. Klumpen von Butterblumen malen Farbkleckse ins Gras. So ist es im Frühling. Das wieder erwachende Leben auf der Erde bringt all diese Farben mit, und wir erkennen, wie monochrom der Winter in Wahrheit ist.

Ich schrecke eine Lerche auf – und noch eine; sie steigen aus dem dichten Gras empor und kurven in wilden Parabeln herum, als wären sie zusammengebunden, bis sie wieder am Boden landen, in der Nähe des geschickt versteckten Nests, an dem sie bauen.

Die erste der beiden Eichen hat sich jetzt noch stärker in einen Pilz aus grünen Blättern verwandelt, breit und flach, denn die zwei Bäume stehen hier auf diesem Hügel so ausgesetzt, dass sie sich dicht an den Boden ducken. Diese Eiche, in deren Obdach ich bald emporklettern werde, trägt ein markant gegabeltes Gehörn aus grauen Zweigen, das aus dem Kronendach herausragt und aussieht wie ein Hirschgeweih oder ein verzweigter Blitz. Es gibt dem Baum ein ganz besonderes Aussehen und eine Ausstrahlung von Persönlichkeit. Die Krone der unteren Eiche ist viel lückenhafter. Die helleren Blätter, die ich schon aus einem halben Kilometer Entfernung sehen konnte, bilden kein vollständiges Kronendach; sie sind eher ein zerrupfter, unvollständiger Schirm, ein bruchstückhafter Schutz.

Shakespeare spielte auf dieses hirschgeweihartige Aussehen der Eiche an, als er über die Figur des Jägers Herne sprach:

> Man hat ein Märlein, daß der Jäger Herne
> (Vor alters Förster hier im Windsorwald)
> Im ganzen Winter jede Mitternacht
> Um eine Eiche geht mit großen Hörnern.[15]

Das Hirschgeweih wächst auf dem Kopf des gespenstischen Grünen Mannes Herne, aber es ist die Verbindung zu den Hörnern bestimmter Eichen, die mich verblüfft. Das Gehörn verbindet das Rotwild des Waldes mit den Eichen.

Mir fällt der uralte, vor etwa zehntausend Jahren in der Mittelsteinzeit entstandene Kopfputz aus Gehörn ein, der in Star Carr in North Yorkshire ausgegraben wurde. Ungefähr zweihundert solcher Masken wurden dort gefunden, jede von ihnen aus dem Geweih eines Rothirschs gefertigt und anscheinend dazu gedacht, zu irgendeinem symbolischen Zweck um den Kopf gebunden zu werden. Der Mensch wird zum Hirsch. Das hirschkopfartige Aussehen verbindet den Menschen mit dem Tier und mit der Eiche. Wenn die Steinzeitschamanen von Star Carr ihren Geweihschmuck aufsetzten, um Rothirsche zu werden, nahmen sie vielleicht auch etwas von den Wäldern an. Mit ihrer Hirschhornmaske wurden sie teils alte Eiche, teils Hirsch.

1. Juni

Grau erfüllt die Luft.

Vor Kurzem war die Landschaft noch von Nebel verhüllt. Spannung lag über dem Land. Und das Gefühl, die graue Decke würde sich bald heben und eine prächtige andere Welt offenbaren, war greifbar.

Mir fiel ein früher Morgen ein, an dem ich auf einer schottischen Insel erwacht und von dichtem Nebel umschlossen gewesen war. Während meiner Vorbereitung auf den Tag hatte ich dasselbe Gefühl von Jenseitigkeit empfunden – als läge eine vollkommen andere Welt in unmittelbarer Reichweite. Ich war durch die *Machair*-Wildblumendünen gewandert, gewissermaßen halb blind oder in der Dämmerung durch eine Mondlandschaft stolpernd. Die Sonne brach durch, zerstreute den Nebel, und genau in dem Moment, als sich das Sonnenlicht seinen Weg zur Erde gebahnt hatte, fand ich mich innerhalb der Steinumrandung eines bronzezeitlichen Hauses wieder.

Jetzt lausche ich dem freudigen Klang des Lerchengesangs an diesem ansonsten so freudlosen Tag. Obwohl bis zum Sonnenuntergang noch ungefähr drei Stunden vergehen werden, hängt ein Gefühl von Zwielicht in der Luft. Die Sonne wird nicht durchbrechen. Das Licht wird im Laufe der nächsten Stunden langsam verblassen. Das Grau wird einen dunkleren Ton annehmen und der Tag sich allmählich in Nacht verwandeln.

Der Wind frischt auf. Ich gehe weiter. Am Rand der Wiese komme ich am blattlosen Geäst einer Eiche vorbei, die plötzlich gestorben zu sein scheint. Krähen arbeiten sich über den matschigen, pfützigen Boden voran. Es ist, als kehrten sich die Jahreszeiten um: als liefe die Zeit rückwärts und die Erde drehte sich vom Frühling zum Winter zurück. Stürmische Salven aus kaltem Wind peitschen durch die Lücken in der Hecke. Der Wiesensalbei am Feldrand schüttelt sich. Eine Schwalbe, einsam und schwarz vor dem grauen Himmel, sieht in diesem Wetter ganz verloren aus. Mit jeder Windbö dringt der Ruf eines Zilpzalps zu mir durch.

Ich gehe am Haus jener alten Dame vorbei, der ich ein paar Wochen zuvor begegnet bin, als sie das Gras in ihrem Vorgarten mit der Schere schnitt. Irgendeine gute Seele hat ihren Rasen gemäht. Dieser Anblick macht mich froh. Ich nehme den längeren Weg zu den Eichen, um das klatschnasse Gras der Wiese zu umgehen, schlüpfe durch das kaputte, verriegelte Tor und spaziere über den hohen Kamm des Hügels. Das Hirschgeweih der ersten Eiche liegt blass in der Ferne, umrahmt von seiner grünen Krone. Es gabelt sich wie ein eingefrorener Blitz. Kaninchen flüchten. Als ich den Hügelgipfel erreiche, entdecke ich den Kadaver eines Kaninchens am Boden vor der Eiche. Er ist blutig und krähenzerfetzt, und er stinkt.

Ich klettere in die Eiche hinauf und finde eine seltsame Stille vor. Der Baum beschützt mich, beschirmt mich vor den schlimmsten kalten Winden. Seine Welt umfängt mich. Ich halte den Ast fest umklammert. Auf der Haut meiner Finger fühle ich die Feuchtigkeit, die in die Eichenrinde gesickert ist. Und allmählich spüre ich Wärme. Einige Minuten lang bleibe ich sitzen, festgehalten von dem eigenartigen Trost, den mir das einfache Dortsein zu bieten scheint, und von dem Unwillen, wieder zur Erde hinabzusteigen.

6. Juni

Durch das Holztor trete ich unter einen gewölbten blauen Himmel. Seit ich das letzte Mal hier war, sind die Gänseküken groß geworden. Die Graugänse erheben sich und watscheln schwerfällig hinüber zum See. Ich gehe an ihnen vorbei, den sanften Hang zu Honywood-Eiche hinauf, die ich noch nie so strahlend gesehen habe.

Der Zilpzalp ist wieder da, auf dem Wipfel einer Kiefer. Ein halbes Dutzend Schwanzmeisen flattert ebenfalls mit hellem Gezwitscher dort oben in den Ästen herum. Ein Grünspecht fliegt von der Eiche weg in Richtung Norden, bald gefolgt von einem Sperber, der in sanfter, gemächlicher Ruhe nach Osten gleitet. Auf dem büscheligen oberen Ast der hohen Zypresse am anderen Bachufer bleibt er sitzen. Während ich zur Eiche gehe, spüre ich seinen Blick auf mir.

Heute bin ich hier, um die Baumläufer zu sehen. Letzte Nacht weckte mich die seltsam verdrehte Version eines Baumläufers, der mich aus einem Traum heraus ansah, und ich schlief mit einem Gefühl des Unbehagens wieder ein. Diese Vision hat mich heute hergeführt – fasziniert und ein wenig bezaubert von diesen Vögeln. Irgendwo ganz oben, wo die Krone der Eiche am dicksten ist, singt ein Grünfink mit der ganzen Herrlichkeit des Sommers. Eine Zeit lang stehe ich im Windschatten an der Südwestseite der Eiche und warte darauf, dass die Baumläufer bei ihrem Nest eintreffen, aber der Moment kommt nicht. Anscheinend sind die Jungen ausgeflogen. Dieser Teil der Eiche ist jetzt still.

Als ich von der Eiche weggehe, erscheint der Sperber neben mir und gleitet mit jener kalten Eleganz vorbei, die man sich auch bei einem weißen Hai vorstellen würde. Er strahlt eine Art Unbesiegbarkeit aus, entstanden durch das sorglose und mitleidlose Töten anderer. Der Raubvogel war aus jenem nordöstlichen Teil der Eichenkrone aufgetaucht, in dem die Rufe des Grünfinken so unüberhörbar verlockend erklungen waren.

Der Tag wird immer klarer werden, immer strahlender und wärmer. Heute wird das Leben dieser kleinen Vögel in der Eiche in prächtiger Intensität gelebt. Der Sperber wird heute viele Male ausfliegen und wiederkommen. Leben und Tod werden nur um die Eiche kreisen.

8. Juni

Ich trete in den Schutz der Westseite der Eiche, heute allerdings nicht auf der Flucht vor Wind oder Regen, sondern vor der Sonne, die jetzt schon heftig brennt. Eine Hornisse durchsucht hoch über mir die oberen Zweige und inspiziert das schwarze Loch einer alten Spechthöhle. Ich hatte vergessen, wie gut mein Körper auf diesen Sitz an der Eiche passt – mein Rücken umrahmt von der geschwungenen Form des Baumes. An einem solchen Tag hier zu sitzen, fast ohne jedes Anzeichen anderer Menschen oder der modernen Welt, heißt, sanft und glücklich wegzugleiten – beinahe weg vom Menschsein. Ich lausche dem Vogelgesang. Meine eigenen Worte fallen von mir ab, denn hier brauche ich keine Sprache.

Ich stelle mir vor, irgendwie in die Eiche zu klettern. Einfach dortzubleiben. Nach einiger Zeit würde meine Sprache verblassen.

Schon nach wenigen Augenblicken schmilzt meine Welt weg. Ich höre das Spektrum des Sommergesangs in all seinen Schichten und Klängen. Mir kommt es vor, als läge – wie die monotone Melodie der Wildbienen – unterhalb und jenseits der Klänge der Laubsänger und anderer Vogelrufe noch ein Teppich aus sonorem Gemurmel, auf das wir uns einstimmen könnten, wenn wir es nur versuchen.

Ich trete zurück, starre wieder hinauf ins Geäst und staune angesichts des Raumes, der schieren Größe dieser Eiche, und dann fällt mir die Wahrheit ein: Vor nur zwei Generationen wuchsen Hunderte solcher Eichen auf diesem Land, und sie würden heute noch leben, wenn nicht Menschen wie mir befohlen worden wäre, sie zu fällen. Das Grauenhafte dieses Aktes, die scharfe Traurigkeit dieser Erkenntnis dringt plötzlich durch. Wäre ich vor hundert Jahren auf die Welt gekommen, hätte ich mich zu einem großen Baum wie diesem nicht hingezogen gefühlt. Ich hätte seine Größe und seinen Umfang nicht als einzigartig empfunden, denn nur wenige Schritte entfernt hätte ich andere gesehen, Brüder und Schwestern von ähnlicher Größe und Ausdehnung.

15. Juni

Auf der Wiese fliegen die Schwalben heute Morgen nur einen Meter über dem Boden; sie streifen die Spitzen der höheren Gräser und der Disteln. Ich stehe am Holzzaun und schaue zu, wie sie auf mich zurasen und dann im letzten Moment nach oben schießen in den aufklarenden Himmel. Es hat geregnet, und die Sonne trocknet Tau und Regentropfen am Boden. Irgendwo Richtung Osten singen Lerchen. Im Westen begrenzen einige jüngere Eichen die Wiese; sie sind jetzt eine einzige grüne Masse und wirken wie eine materielle Spiegelung der hellen Wolken. Ich gehe auf die Wieseneiche zu, das Gras durchweicht meine Schuhe. Zwei Bussarde ziehen Kreise am Himmel.

Noch am gleichen Tag durchquere ich das Tor zur Honywood-Eiche und werde von einem sanften Honigduft aufgehalten, der mich sofort an die Bienenwabe auf meinem Schreibtisch zu Hause erinnert, an das Stück, das ich vor einigen Jahren am Boden unter der Eiche aufgehoben habe. Ich trete in den Sonnenschein des Nachmittags hinaus und sehe den Reiher auf der Brücke am See stehen wie ein Torwächter. Als ich näher komme, dreht er den Kopf zu mir, erhebt sich mit seinen großen, alles umfangenden Schwingen vom Boden und entschwindet nach Süden. Vor mir bleibt nur eine Gruppe von Gänsen zurück. Auch sie machen sich bald auf; sie recken und strecken und erheben sich und lassen sich auf den kalten, dunklen Wassern des Sees wieder nieder.

Das Gewitter, das heute Vormittag losgebrochen ist, hat frische, kühle Luft hinterlassen. Ich gehe zur Honywood-Eiche und setze mich eine Weile neben sie. Es dauert nicht lange, bis ich den Sperber von Norden herangleiten sehe. Er segelt über mir vorbei, vor grau gesprenkelten Wolken, und ich verliere ihn aus den Augen.

Neben der Eiche herrscht ein wildes Gewimmel von Fliegen und Gnitzen, von der Sommersonne des Spätnachmittags zum Leben erweckt und erhellt. Ein Specht fliegt von Norden heran, ausnahmsweise still. Jener fruchtbare Duft steigt auf, den nackte Erde nach dem Regen verströmt. Ich stehe auf dem Vorsprung an der Windschattenseite, lehne mich an die Rinde der Eiche und atme tief ein. Es riecht nach Erde und Laub und Holz und Wasser: nach Leben. Amseln rufen und fliegen herum. Das fließende Lied einer Mönchsgrasmücke schwebt im Süden. Ich trete wieder auf die Erde und schaue hoch, um das Ein- und Ausfliegen der Wildbienen an dem dunklen Loch über mir zu beobachten. Die Sonne ist warm auf meinem Rücken. Ich gehe um die Eiche herum, spähe nach oben und dann nach unten. Klumpen aus rotem Kernholz, Rindenstücke, trockene braune

Blätter und leere Hüllen längst weggetragener Eicheln. Ein frischer Malerpilz wächst an der Westseite, und als ich näher herangehe, fliegt ein heller Nachtfalter weg, der getarnt auf der Rinde saß.

Plötzlich empfinde ich den Wunsch, auf irgendeinem Weg wieder zu dieser weiten, offenen Schale im Zentrum der Eiche hinaufzuklettern, in der ich schon einmal war, von Seilen emporgehoben. Ich möchte dort oben sitzen, in dieser sicheren Heimstatt, und die Stunden und Tage ohne viele Gedanken verbringen – außer jenem Staunen, das jeden Augenblick in der Honywood-Eiche prägt –, mich in ihr Wesen versenken und in das Kommen und Gehen all der Kreaturen, die die Eiche bewohnen und sie als ihre Heimat betrachten.

—

Die Sache ist so klar, so offensichtlich. Wie kommt es, dass ich zu einem ruhigeren und glücklicheren Menschen werde, sobald ich auf dem Zweieichenhügel in die Hirschhorneiche steige oder neben der Honywood-Eiche oder der Wieseneiche sitze? Mir kommt es vor, als wäre ich diesem Thema eine Zeit lang ausgewichen. Aber der zentrale Punkt ist, dass ich ein wahrhaft tiefes Gefühl von Ruhe und Frieden erlebt habe, sobald ich einfach nur in der Nähe einer Eiche war.

Das Problem ist, dieses Gefühl zu erklären. Ist es etwas zutiefst Grundsätzliches, das mit einer spirituellen Verbindung mit dem Baum zu tun hat, damit, dass man geerdet wird und sich mit Lebenskräften der Natur vereint? Oder geht es nur um den Freiraum und Frieden, den solche Momente bieten? Sollte ich Antworten in den Texten suchen, die andere über Eichen verfasst haben, oder sollte ich diese Erfahrungen als etwas Persönlicheres, Heiligeres sehen?

Auf der Suche nach einer Antwort wende ich mich der Wissenschaft zu.

»Wie kommt es, dass wir – ich oder jemand anders – uns ruhiger und glücklicher fühlen, wenn wir in oder neben einer Eiche sitzen?«

Mike lehnt sich zurück.

Das war eine gute Eröffnung. Mike Rogerson ist Psychologe und beschäftigt sich mit der Frage, wie die Umwelt unsere Seelenzustände beeinflusst. Außerdem gehört er zu einer Gruppe namens *Green Exercise Research Team* an der Universität Essex, die untersucht, auf welche unterschiedlichen Weisen Bewegung im Freien uns positiv beeinflusst. Durch eine eigenartige Fügung des Lebens habe ich Mike einst auf dem Gymnasium unterrichtet. Jetzt schaue ich in das gepflegt bärtige Gesicht des jungen Wissenschaftlers. Die Zeit tut kuriose Dinge.

»Da passieren mehrere Sachen«, beginnt Mike. »Zunächst bist du an einem Ort außerhalb deiner normalen Welt, beispielsweise entfernt von den geraden Linien, die Arnold Wilkins erforscht; er hat interessanterweise herausgefunden, dass die menschengemachten Geraden tendenziell mehr Stress verursachen als die Kurven der natürlichen Umwelt.«

Ich schaue mich im Raum um. Wir sitzen in einem muffigen Büro, umgeben von lauter geraden Linien.

»Von deiner Eiche aus sind diese geraden Linien wahrscheinlich weniger sichtbar; in deinem Blickfeld tauchen solche visuell schwieriger zu verarbeitenden Aspekte nicht auf. Außerdem bist du natürlich weiter entfernt vom geschäftigen Geratter deines geschäftigen Lebens. Es gibt eine geistige Distanz, bei der wir aufhören können, uns mit unmittelbar wahrgenommenen Bedrohungen zu beschäftigen – wobei mit ›Bedrohung‹ nicht unbedingt ein Angreifer mit einem Messer gemeint sein muss, das können auch einfach Situationen in unserem Privat- oder Berufsleben sein, mit denen wir unter Druck umgehen müssen. Und in so einem Moment an einer Eiche verfliegt dieses Geratter schnell, dieses Gefühl, etwas tun zu müssen, weil du körperlich fern von diesen Bedrohungen bist und auch auf der psychischen Ebene weißt, dass du an einem anderen Ort bist. Alle Geräusche, die du hörst, alle Sinneseindrücke, die ankommen, überzeugen dich davon, dass du wirklich weit weg bist von der möglicherweise negativ wirkenden Umgebung, die du verlassen hast.«

Das klingt absolut einleuchtend.

In der Eiche fühlt sich alles friedlicher und ruhiger an, weil es wirklich friedlicher und ruhiger *ist*; unser Geist und unser Körper wissen das.

»Und außerdem gibt es immer das Gefühl von Eskapismus, das uns veranlasst, zu diesem einen Baum zu kommen. Menschen schreiben Orten bestimmte Eigenschaften zu; das müssen keine Orte in der Natur sein, aber oft sind es welche, ob uns das nun überrascht oder nicht. Sie denken: Ich gehe dorthin, weil es mir hilft, mich zu entspannen, und dann wird es zu einer sich selbst erfüllenden Prophezeiung. Wir glauben, dass es uns etwas bringt, und tatsächlich funktioniert es umso besser, je öfter wir die Handlung wiederholen. Wenn wir das nächste Mal hingehen, sind wir noch zuversichtlicher, dass es uns entspannen wird.«

Unweigerlich denke ich an die Momente, in denen ich durch das kleine Holztor am Kutschenhaus trete und den vertrauten Weg zur Honywood-Eiche einschlage, im sicheren Wissen um die Aufregung beim Öffnen des Tores, voller Vorfreude auf den umfassenden Frieden, der mich beim Erreichen der Eiche erfüllen wird.

»Also kann man dieses Absinken des Stresspegels physiologisch messen?«, frage ich.

Man kann. Mike erzählt mir von der Studie eines Teams der Universität Edinburgh, das verschiedene Testpersonen, mit tragbaren EEG-Sensoren ausgestattet, durch die Stadt spazieren ließ. Sobald sie die städtischen Bereiche verließen und Parkgebiete betraten, fand eine Verschiebung von gestressteren zu meditativeren Gehirnzuständen statt. Vielleicht ist das wenig überraschend, aber intuitives Wissen wurde hier wissenschaftlich untermauert. Es gab eine beobachtbare neurologische Veränderung, und die Gefühle, von denen die Menschen berichteten, spiegelten ihre Hirnströme wider.

Der Ausdruck »meditative Zustände« fasziniert mich.

Mike erklärt ihn mir. »Das sind neurologische Muster, wie man sie während des Meditierens beobachtet. Die Amygdala beruhigt sich. Das Geratter nimmt ab. Wenn du in dieser Eiche sitzt, bist du in einer Umgebung, mit der du dich verbunden fühlst. Dein Gehirn kann die Stimuli ringsum leichter aufnehmen. Es folgt eine unbewusste Erleichterung, die mit der Bezeichnung ›meditativer Zustand‹ einhergeht. Du tauchst in deine Umgebung ein, nimmst an ihr teil – vielleicht schaust du den Vögeln zu und hörst ihren Gesang –, insofern ist aufmerksame Aktivität da, aber sie ist das, was man ›mühelose Aufmerksamkeit‹ nennt, *effortless attention*, sie braucht also keine geistige Anstrengung.«

Wenn wir in der Natur sind, sei es nun beim Sitzen an einer Eiche oder beim Spazieren durch den Park, geht es in Wahrheit um die Abwesenheit der unangenehmen Dinge, das Abbauen der – körperlichen oder sozialen – Stressfaktoren, die wir in unserem Leben geschaffen haben.

»Wenn wir zu einer Eiche gehen, entkommen wir den negativen Dingen und kehren in unseren Grundzustand zurück – frei von Stress. Die meisten Tiere sind in ihrer natürlichen Umgebung nicht gestresst. Wenn wir eine Eiche besuchen, schütteln wir etwas ab, das erst kürzlich zum menschlichen Leben hinzugekommen ist: die industrialisierte Existenz mit ihrer Fünfunddreißig-Stunden-Woche, die wir erschaffen haben.«

All diese Faktoren führen zu etwas, das Mike »*Placemaking*« nennt: Wir wählen uns grüne Orte, zu denen wir immer wieder zurückkehren – sichere, gesunde Plätze, an die wir fliehen können. An diesen Orten gewinnen wir den geistigen Abstand, den wir brauchen, um über unser Leben nachzudenken. Das tat der Künstler Stephen Taylor, der unendlich oft zurückkehrte, um das gleiche Kornfeld und die gleiche Eiche zu malen. Das tat ich, indem ich unzählige Male die Honywood-Eiche aufsuchte und später die Wieseneiche und die Hirschhorneiche.

»Deshalb entscheiden sich gestresste Menschen, wenn man sie fragt, wo sie gern hingehen würden, oft für einen Naturraum. Sie sagen: ›Ich möchte in den Wald gehen‹, oder so etwas. Wegen dieses geistigen Abstands, der Chance zum Nachdenken und der Verhaltensänderungen, die stattfinden, sobald sie dort sind.«

Auch das klingt alles sehr einleuchtend.

»Danke, Mike«, sage ich.

Ich frage mich allerdings, ob nicht noch weitere Faktoren im Spiel sein könnten.

»Wir haben also neurologische, umwelt- und verhaltensbedingte Faktoren. Gibt es auch physiologische? Etwa den zusätzlichen Sauerstoff, den man im Wald bekommt?«

Mike nickt.

»Klar. Vielleicht hast du schon von *shinrin yoku* gehört, vom ›Waldbaden‹, also dem gezielten Verbringen von Zeit im Wald, um das eigene Wohlbefinden zu steigern? Nun, es gibt bestimmte Phytonzide – Chemikalien, die von Pflanzen abgegeben werden, sicherlich auch von Eichen –, die unsere Physiologie beeinflussen können. Das ist die Basis der Aromatherapie. Einige dieser Phytonzide wirken entspannend, andere anregend. Manche kurbeln sogar unser Immunsystem an.«

Mike erzählt mir von einer Reihe japanischer Studien, die gezeigt hätten, dass das Waldbaden zu einer signifikant erhöhten Funktion der natürlichen Killerzellen führe, einem entscheidenden Teil des Immunsystems. Ein Forschungsteam variierte die Studie dann, indem es Phytonzide in Hotelzimmer pumpte, woraufhin die dortigen Probanden den gleichen Anstieg der Killerzellen-Aktivität aufwiesen. Es handelte sich um die von den Bäumen abgegebenen Phytonzide. Ein physischer, physiologischer Effekt, verursacht von chemischen Stoffen.[16]

»Das ist eine ziemlich unkomplizierte Angelegenheit«, erklärt Mike. »Im Grunde sind wir so programmiert – wir wissen intuitiv, dass es uns guttut, im Grünen zu sein, im Wald. Deshalb zieht es uns dorthin. Bei deiner Eiche hast du die unmittelbare Wirkung dadurch, dass du an diesem Ort einer umfassenden, aufmerksamen Aktivität nachgehst; das heißt nicht, dass du viel tun musst, die Aktivität kann einfach bedeuten: ›Ich sitze hier und nehme die Tatsache wahr, dass ich hier bin.‹ Du hast dir einen Ort erschaffen, der dazu einlädt, sich ruhig und friedlich zu benehmen. Und du hast den Verstärkungseffekt im Gehirn, der besagt, dass das Dortsein funktioniert: ›Ja, das wird mir guttun.‹«

Er entspannt sich für einen Moment, als wäre er – badend – im Wald und nicht in einem rechteckigen Büro voller gerader Linien.

»Das ist das Herrliche, die Herausforderung bei meiner Arbeit. Die meisten würden es als gesunden Menschenverstand betrachten. Ich muss es wissenschaftlich nachweisen. Der Grundgedanke ist einfach. Und jetzt wird er von der Forschung gestützt.«

28. Juni
Auf dem Zweieichenhügel.

Gemütlich in den Ästen der Eiche sitzend, fange ich an, über die Menschen nachzudenken, die hier vor Tausenden von Jahren lebten, die über dieses Land wanderten und wandelten. Seit langer Zeit frage ich mich, wie diese Landschaft einst ausgesehen haben mag. Auf dem Gipfel des Hügels befindet sich eine offene, flache Stelle. Bestimmt haben Menschen vergangener Zeiten beschlossen, hier oben zu wohnen. Unten verläuft der Bach, und man kann das Land ringsum sehen.

Ich halte von hoch oben Ausschau. Der Wind frischt auf. Die Eichenblätter reiben sich an mir. Der Ast unter meiner Hand erwärmt sich stetig. Zwei Fasane stoßen kehlige Rufe aus und fliegen unter mir vorbei. Ich fühle, wie das Alltägliche ephemer wird. Eine Fliege mit Flügeln wie Klöppelspitze landet auf meiner Hand, und wenig später verfängt sich eine winzige Spinne in den Haaren meines rechten Beins. Ich spüre, wie die Momente verschmelzen. Und gleichzeitig verschiebt sich auch etwas in mir und wird unsicherer, weniger gefestigt in seiner Substanz. Ich sitze da und merke, dass ich allmählich wegdrifte wie in einen katatonischen Zustand, hier auf dieser Eiche, die Hände auf zwei Ästen, die Füße auf zwei anderen. Und ich beginne mich zu fragen, was passieren würde, wenn ich hierbliebe, für eine Stunde oder zwei oder drei. Wenn ich einfach hier säße, den Tag vergehen und das Sonnenlicht verblassen ließe, während die Wolken wachsen und der für später vorhergesagte Regen fällt und dann irgendwann die Sonne ebenfalls fällt und die Nacht regiert. Und auch noch, während ein neuer Tag dämmert.

Und irgendetwas in meinem Inneren möchte diesem Ruf unbedingt folgen.

3. Juli

Erst spät schaffe ich es, mich aufzuraffen und hinauszugehen. Seit einigen Wochen hat mich eine seltsame Erschöpfung befallen, die jeden Tag bedeutungsschwer erscheinen lässt; jede einfache Aufgabe liegt vor mir wie ein Berg.

Ich gehe hinaus und tauche in eine schmale Gasse ein, die einladend durch ein Gerstenfeld gemäht wurde. Die jungen Pflanzen sind schon hüfthoch, und ich strecke meine linke Hand zur Seite, sodass die grünen Bärte der Gerste meine Haut streifen, während ich das Feld durchquere. Als ich stehen bleibe und über die wilde grüne Fläche aus Gerste blicke, fühlt sich das an, als würde ich auf ein hypnotisierendes Meer hinausspähen, dessen Oberfläche sanfter Wind schillern lässt. Ich stelle mir vor, hier bei Sturm entlangzugehen, verzückt von den Empfindungen, die das erhabene Wunder dieser Felder hervorruft, das Wogen und Branden der Gerste.

Eine Dorngrasmücke schrammt hundert Meter von mir entfernt durch die Hecke. Ich fühle, wie mich ein traumartiger Zustand befällt, während ich ganz allein durch das Gerstenfeld gehe, ringsum kilometerweit keine Menschenseele. Das regelmäßige Knirschen meiner Fußstapfen lullt mich ein; fast gerate ich in eine schläfrige Trance.

4. Juli

Am frühen Abend gehe ich hinunter zur Kirche, mit dem gleichen eigenartigen Gefühl von Jenseitigkeit wie gestern. Ich gehe wieder durch die Gasse zwischen den Gerstenähren. Es bläst ein frischer Wind. Ich streiche mit den Händen über die weichen, grünen Gerstenhaare und betrachte die Wellen an der Oberfläche dieses grünen Ozeans. Auf seltsame Weise fühlt es sich beim Gehen auf diesem Pfad so an, als würde ich mich verändern, verwandeln – von dem, was ich war, in das, was ich sein werde, obwohl ich keine Ahnung habe, was das sein könnte; ich spüre nur, dass in meinem Inneren eine tiefe, prägende Verschiebung stattfindet. Wie gestern gehe ich den sanften Hang des Feldes hinunter bis zur Öffnung in der Hecke, die zu einer Brücke über den Bach führt. Und heute scheint es, als hätten diese wogenden Gewässer aus Gerste mich irgendwie getauft, mich zu etwas gemacht, das ich vorher nicht war – zu einem Menschen, vor dem die Lebewesen dieser Erde nicht mehr fliehen; einem Menschen, der sie nicht mehr in Angst versetzt.

13. Juli

Es ist früher Abend, als ich der Honywood-Eiche meinen nächsten Besuch abstatte. Obwohl noch Schilder an der Landstraße stehen, ist die Gartenschau schon wieder vorbei. Als ich das Landgut durch das Holztor betrete, bin ich ganz allein. Ich gehe über die Brücke am See und den vertrauten Weg zur Eiche hinauf. Das Unterholz unter den Kiefern im Norden ist radikal gestutzt worden. Ich setze mich auf die Bank. Es war ein langer Tag. Eine Weile sitze ich einfach da. Ich lasse mich sein. Ich atme. Ich beobachte die Eiche. Ich atme. Die Gedanken in meinem Kopf lichten sich.

Allmählich klart es auf, und die Flecken aus hellem, pudrigem Himmelblau werden größer, obwohl die Sonne bereits nach Westen sinkt. Ich ziehe erst meine Schuhe aus, dann meine Socken und fühle die Freiheit der Luft an meinen Füßen. Sonnenstrahlen brechen unter den Wolken durch. Ich gehe barfuß hinüber zur Eiche, und die nackte Erde in dem gemulchten Kreis innerhalb der Umzäunung liegt weich unter mir. Meine Fußsohlen versinken im Boden. Ich stehe an der Westseite der Eiche, an der Stelle mit dem freiliegenden, von der Zeit glatt geschliffenen Kambium.

Schon nach wenigen Augenblicken an der Eiche sind meine Sorgen und Nöte vergessen. Ich lebe wieder in der Gegenwart, wie Kinder es tun, wie wir alle es versuchen sollten. Meine Füße sind in die Erde unter den Ästen der Eiche gepflanzt. Mein Kopf ist energisch in die Unmittelbarkeit der Welt ringsum zurückgekehrt. An dem abgebrochenen Ast, der einen guten Meter von meinem Kopf entfernt nach Norden zeigt, hängen vereinzelte graue, flauschige Daunen, die vom Körper eines Jungvogels gezupft worden sind. Mir fällt sofort der Sperber ein, dann jener andere helle Raubvogel, der einmal über mir vorbeisegelte. Es scheint, als wäre der Ast zur Rupfstation erkoren worden.

Ich setze mich wieder auf die Bank und bleibe eine Weile dort. Mir fällt ein, wie ich vor fünf Jahren zum ersten Mal hier war, Jonathan Jukes kennenlernte und von der Idee sprach, Zeit mit der Honywood-Eiche zu verbringen.

»Ich möchte hierherkommen und die Eiche beobachten«, hatte ich gesagt. »Bei Tag und Nacht. Bei Sonne und Regen.« Ich wollte herkommen, wann immer ich konnte, in den Freiräumen zwischen Arbeit und Zuhause, und Zeit damit zubringen, das Wesen der Eiche zu betrachten und mehr über ihr Leben zu lernen.

»In Ordnung«, hatte Jonathan gesagt.

Er gestand mir die Freiheit zu, nach Bedarf zu kommen und zu gehen. Ich konnte oben bei der Gutsverwaltung parken und Zeit an der Eiche verbringen, wann immer ich wollte. Eine einfache Abmachung. Eine, die mir den unkomplizierten Zugang gewährte, nach dem ich mich sehnte.

Später, auf der Rückfahrt, stieg eine unerwartete Gefühlswoge in mir empor, und mir traten Tränen in die Augen. Ich hatte das Gefühl gehabt, unter den Zwängen von Arbeit und Zuhause zu ersticken. Jetzt bot sich die Gelegenheit, einen Raum zu finden, in dem ich frei atmen könnte. Meine Hände umklammerten das Lenkrad, während meine Brust wogte und mein Atem zitterte. Ich weiß noch, wie die Plötzlichkeit der Empfindung mich damals schockierte. Ich hielt am Straßenrand an und weinte angesichts der Hoffnung, der Möglichkeit einer Zukunft. Dann fuhr ich heim.

Heute lächele ich bei dieser Erinnerung. Ich stehe auf, weil ich Lust auf einen Spaziergang habe, und gehe am Seeufer nach Norden, wo ich die Graugänse aufstöre, die sich dort in zwei großen Gruppen versammelt haben. Sie grummeln angesichts der Anstrengung des Aufstehens, watscheln aber weg und lassen sich mit einer Reihe lauter Platscher in das stille Wasser des Sees fallen. Auch ein Graureiher fliegt auf, mit deutlich mehr Grazie und Eleganz. Ich schaue zu, wie er über die Seen nach Norden fliegt, auf einem Erlenast am anderen Ufer landet und dort stehen bleibt, ein einsamer Wachtposten.

Über mir zwitschern Schwalben. Ich folge den Wegen des Landguts, bis ich mich an der Schreienden Eiche wiederfinde, wo eine Amsel von einem der geweihartigen Zweige im Baumwipfel singt. Über ihr fliegen noch mehr Schwalben herum – Mauersegler, reine Sommergäste. Ich spaziere weiter nach Westen, erreiche einen stillen Teich, schaue über die Wasserfläche und sehe am anderen Ufer einen Hasen, der mich seinerseits anstarrt. In einem solchen Moment der Verbundenheit mit einem Wesen der Natur hat man das Gefühl, die Zeit bleibe stehen, der Sekundenzeiger werde angehalten. Aber etwas noch Bemerkenswerteres liegt in einem Augenblick, den man mit einem jungen Hasen teilt – einer mythischen, magischen Kreatur. Wir verharren eine Weile, wie gelähmt von unserer gegenseitigen Präsenz, dann trabt der Junghase leichtfüßig nach Süden; die dunklen Spitzen seiner Ohren wippen gegen die hellen Wiesengräser, bis er weg ist und die Zeit wieder weitertickt.

19. August

Mein Kopf ist heute Morgen schwer, voller Gedanken, die wie Bienen in mir herumschwirren. Unwohlsein kriecht herauf wie ein Fieber, ein Schmerz in Nacken und Schultern. Sorgen pochen in meinem Kopf. Ich weiß, ich muss nach draußen.

Es ist ein paar Wochen her, dass ich das letzte Mal zum Zweieichenhügel hinüberspaziert bin. Etwas an den Farben des Sommers hat sich verschoben. Die Wiese ist strohgelb geworden; die langen Gräser wehen trocken und tot im Wind. Die Enden des Hirschgeweihs im Wipfel der Eiche scheinen stärker hervorzutreten. Oben auf dem Hügel ist der sandige Hang mit den goldenen Lichtern des Jakobskreuzkrauts gesprenkelt. Ich gehe hinüber zur Hirschhorneiche und klettere die mittlerweile vertrauten Stufen der Astleiter zu meinem Sitz hinauf. Mein Rücken ruht an der Eiche. Ich seufze. Ich reibe den Hinterkopf an der Rinde, spüre mein Haar auf der Eiche. Meinen Schädel gegen das Holz pressend, fühle ich Erleichterung. Ich kann atmen. Ich werde hierbleiben.

Laute Rufe klingen vom Bach den Hügel herauf, und ich fahre zusammen. Es kommt mir vor, als wäre ich von dem Geräusch erwacht, aber das kann nicht sein. Ich klettere eilig wieder hinunter zur Erde, um nicht auf dem Baum entdeckt zu werden. Aber als ich den ausgetretenen Pfad an der Flanke des Hügels hinuntergehe, ist niemand da. Ich überquere die Brücke und werfe ein goldenes Ritualopfer in den Bach.

Gib meiner Familie weiterhin Gesundheit, Glück und Hoffnung, sage ich. Dann folge ich dem Pfad am Bachufer entlang nach Norden, durch Brennnesseln und Weiden.

—

Mein Freund Dave Charleston ist derjenige, der mich Dylan Pym vorstellt. In seiner Buchhandlung plaudere ich mit Dave über die Zeit, die ich damit verbracht habe, an der Honywood-Eiche zu sitzen.

»Du solltest Dylan kennenlernen«, schlägt Dave vor. »Er liebt Eichen.«

Einige Monate später treffe ich Dylan Pym tatsächlich. Von Daves Haus aus, das sich an den Dorfplatz von Polstead in Suffolk schmiegt, gehen wir zu Fuß ein paar Straßen weiter zu Dylan.

Er führt uns durchs Haus zu einem neu erbauten Raum, in dem er gerade die letzten Arbeiten abschließt. Der Putz fühlt sich noch feucht an. Dylan ist mit den Fußleisten beschäftigt. Er hält eine Eichenholzleiste in der Hand, die über Dampf gebogen wurde, damit sie an die ungewöhnliche Biegung der Wand passt. Er bückt sich.

»Passt nicht ganz«, sagt er und schaut auf.

Das ist kein Problem. Wir sind sowieso auf dem Weg zur Werkstatt. Ich soll eine Führung bekommen. Dave sagt, er werde uns alleine lassen. Er müsse noch zwei Fasane fürs Abendessen rupfen. Wir verabschieden uns. Ich werde später wieder bei ihm vorbeigehen.

Bis zu den Scheunen, in denen Dylan arbeitet, ist es ein kurzer Spaziergang durch die Nebenstraßen und Felder des Dorfes. Ihn einen »Schreiner« zu nennen, wäre nicht fair. Er ist eher ein Holzzauberer. Er biegt Holz über Dampf und erschafft herrlich wilde, absolut einmalige Möbelstücke, die etwas Fließendes an sich haben; sie sind anders als alles, was ich je gesehen habe. Seine Schränke, Kommoden und Bücherregale haben eine surreale Schönheit. In ihnen vereint sich die Festigkeit von Holz mit einer flüssigen Qualität, die den Blick irritiert.

»Ich liebe Eichen«, erklärt Dylan, als wir durch die Abenddämmerung gehen. »Hier in der Nähe gibt es eine ganz erstaunliche Eiche, zu der ich schon fast mein ganzes Leben lang gehe.«

Er ist eindeutig eine verwandte Seele.

Dylan ist in Polstead aufgewachsen und kennt die Landschaft ringsum aus fast einem halben Jahrhundert der Wanderungen auf lokalen Feldwegen und Pfaden und Wiesen. Seine Eltern sind zwar Akademiker, aber Dylan hat einen anderen Weg eingeschlagen. Er ist schwerer Legastheniker und hat nie Lesen und Schreiben gelernt.

»Aber in letzter Zeit bin ich ein echter Hörbuchfan geworden«, sagt er mit einem Lächeln.

Trotzdem gehört er zweifellos zu den klügsten und kenntnisreichsten Menschen, die ich zum Thema Bäume je kennengelernt habe. Und er ist ein Waldgenie. Er kennt sämtliche Bäume in der Gegend und ist absolut begeistert von ihnen.

»Man muss sie individuell kennenlernen«, sagt er.

Er spricht nun von dem Holz, mit dem er arbeitet – davon, wie wichtig es ist, die besonderen Bedingungen zu kennen, unter denen jeder Baum gewachsen ist: den Boden, in dem er stand, seine Wasserversorgung, seinen Wuchs.

»Man erkennt am Holz, ob er genug Wasser bekommen hat, wie sein Leben war«, erklärt er.

Wir sind über einen ungepflegten Pfad auf einer Wiese gelandet; genau in ihrer Mitte steht eine Reihe von Bäumen, eine Mischung aus Birken und Schwarznussbäumen, die Dylan vor zwanzig Jahren gepflanzt hat.

»Siehst du, wie sie sich zum Wasser hin drehen?«, fragt er und zeigt mit der Hand über den dunkler werdenden Himmel. Durch die Wiese, auf ihre hintere Ecke zu, verläuft ein unterirdischer Bach. Selbst in diesem Licht ist deutlich zu erkennen, dass die Bäume sich allmählich dem Wasser zugeneigt haben. Auf diese Weise ist ein Wäldchen entstanden, das aussieht wie ein Kunstwerk von David Nash.

Dylan lacht über die Idee, dass er eine *Land-Art*-Skulptur erschaffen haben könnte. Er spricht mit großer Begeisterung über alle möglichen Dinge. Seine Energie ist offenkundig. Jeden Sommer veranstaltet er auf diesen Wiesen ein Festival, bei dem Künstler ihre Werke zeigen und Dylan seine neuesten Möbelstücke vorführt.

»Mache ich schon seit ungefähr zwanzig Jahren«, sagt er.

In seiner Werkstatt erklärt er mir mehr darüber, wie er mit dem Holz arbeitet – insbesondere mit Eiche – und wie man das Wesen des Holzes mit den Händen erkennt, an seiner Struktur und Oberfläche und am Muster der Jahresringe.

Dylan steht in seiner schmutzigen, abgetragenen Arbeitskleidung vor mir. Sein dunkles Haar ist ziemlich zerzaust und wie sein stoppeliger Bart mit Silber durchsetzt. Er reibt sich die Hände, horizontal, als wäre eine von ihnen ein Stück Holz. Dabei spricht er mit der Intensität eines Fanatikers.

»Man muss das Holz kennen, um mit ihm zu arbeiten.«

Holz zu verstehen, ist eine zutiefst physische Angelegenheit. Das Sehen und Fühlen der Komplexität, der Vielschichtigkeit des Holzes und seines unterschiedlichen Wachstums über die Jahre ist ein essenzieller Bestandteil von Dylans Kunst.

Draußen, am Boden hinter der Werkstatt, liegen Eichenstämme, die in Bretter gesägt und gestapelt wurden. Einige dieser sorgfältig ausgewählten Hölzer werden sich in den nächsten Monaten unter Dylans Händen in bemerkenswerte neue Möbelstücke verwandeln.

Es ist dunkel geworden, und ich bin mit Dave verabredet. Im Nieselregen folge ich Dylan über die Wiesen zurück ins Dorf. Er spricht über Holz und Eichen, und ich höre gerne zu.

23. August

Ich stehe früh auf und sehne mich danach, in die Eiche zu klettern. Also erledige ich meine Arbeit und gehe die Straße zum Zweieichenhügel hinauf. Die Sonne brennt schon heiß, hoch oben schreien Bussarde. Der Halbmond hängt in einer Wolke aus blass hingepinselten Strähnen. An der Wiese bleibe ich stehen und beobachte zwei Bussarde, die sich alle paar Sekunden kreuzen, während sie sich vor mir emporschrauben. Ein Publikum aus Mehl- und Rauchschwalben fliegt unter ihnen. Das Hirschgeweih der Eiche scheint gewachsen zu sein, obwohl ich weiß, dass das nicht sein kann. Mit Sicherheit ist aber mehr totes Holz zu sehen, als würde sich der Baum aus dem sandigen Boden in die Höhe erheben, sich von seinen Wurzeln zum Wunder des Firmaments hinaufrecken. Die Eiche sieht prachtvoll aus – ein wildes Tier, das stolz auf dem Hügelkamm steht und nach Norden Ausschau hält über die Wiesen und Felder und Bäume. Im hohen Gras fühle ich das Zittern einer Schlange.

Ich steige den Hügel hinauf und dann die Astleiter hoch zu meinem vertrauten Sitz im Inneren der Hirschhorneiche. Aber kaum habe ich mich dort auf meinem Baumausguck niedergelassen, höre ich im Osten menschliche Stimmen; irgendetwas an ihnen verschreckt mich wie schon beim letzten Mal, und so steige ich wieder hinunter, tief in meinem Inneren beunruhigt darüber, was sie denken oder sagen oder tun könnten, wenn sie einen Mann auf einer Eiche vorfänden. Ich trete wieder hinunter auf die Erde. Aber da scheinen die Stimmen verschwunden zu sein, und ich hätte fast Lust, wieder hinaufzuklettern. Ich schaue in die Eiche, und mir kommt der Gedanke, dass ich, falls das Ganze noch einmal passieren sollte, nicht nach unten, sondern weiter nach oben in die Eiche klettern und mich dort zwischen den Blättern und Zweigen vor menschlichen Stimmen und Blicken verstecken werde.

26. August

Ein goldener Sommerabend. Jenseits der Landstraße zum Zweieichenhügel sind die frisch geschorenen Gerstenfelder mit schimmernden Stoppeln bedeckt.

Die Kirchenglocken läuten; ihr Klang rumpelt durch die dicke Luft des flachen Tales. Ein Specht ruft, und ich wende den Kopf zu den Eichen um. Er fliegt weg, gleitet durch die warme Luft nach Süden und taucht in das dunkelgrüne Waldstück ein, das sich am Bach entlangzieht. Ich suche den Stamm der Hirschhorneiche, an der er losgeflogen ist, mit den Augen ab, kann aber keine Nisthöhle erkennen. Obwohl ich gerne für eine Weile in die Eiche hinaufklettern würde, fühle ich die Präsenz anderer Menschen, die bald auftauchen werden, weil sie ihren Hund auf dem Fußweg entlang der Eiche ausführen, und ich würde mein Versteck, meinen Sitz in der Hirschhorneiche, verraten, falls ich es nicht schaffte, höher hinauf in den dichter belaubten oberen Teil der Krone zu klettern. Ich weiß, dass ich nicht dorthin komme. Die Äste sind zu dünn, zu dicht beieinander. Nur ein Eichhörnchen würde das schaffen – oder eine Elfe oder eine Dryade.

21. September

Eine Ewigkeit ist vergangen. Ich steige in die Eiche, halte dort inne und schaue hinaus auf die friedliche, warme Landschaft ringsum. Die Krähen stellen ihr Krächzen ein. Stille senkt sich über die Erde. Der Sperber erscheint tief am Himmel, entfaltet sanft die Schwingen und gleitet in weiten Kreisen über das Tal, bevor er bei den Pappeln in die Tiefe stürzt und nicht mehr zu sehen ist. Ich sehe ihn fallen und höre dann die Schreie von Bussarden im Osten. Ich strecke meine Arme entlang der Eichenäste aus, schließe die Augen und erfahre Ruhe und Frieden. Ich fühle die Brise und höre sie in den Blättern über mir rascheln. Wenn ich hier bin, fühle ich mich leichter. Es ist, als hätte ich beim Heraufklettern Gewicht abgeworfen. Hier zu sein, heißt, gesegnet zu sein. Alle irdischen Kümmernisse bleiben unten. In der Eiche scheinen die Sorgen der Welt von mir abzufallen. In der Ferne ist das *Klipp-Klapp* von Pferdehufen zu hören, etwas näher das sanfte, zufriedene Gurren von Tauben.

28. September

Der Duft von Honigwaben begrüßt mich wieder an dem kleinen Holztor.

Es ist später Nachmittag. Die Sonne des Morgens ist hinter grauen Wolken versunken. Anscheinend bin ich vollkommen allein auf dem Gut. Alle anderen sind weg. Meine Füße schleifen über den Kies. Ich höre das über die Steinstufen an der Brücke heruntertropfende Wasser und den Wind in den Blättern der Ahornbäume beim See, während ich nach Westen über die Brücke und den Hang zur Honywood-Eiche hinaufgehe. Ich spüre, wie mich eine Stille, eine Leichtigkeit befällt, und fühle mit dieser Leichtigkeit auch die Erschöpfung, die ich mir nicht eingestanden hatte. Zuerst setze ich mich auf die Bank, und für eine Weile schaue ich nur zurück in Richtung Osten, in den blauen Himmel dort am Horizont unter der grauen Wolke. Etwa eine Stunde lang sitze ich schlicht auf der Bank, in diskreter Entfernung von der Eiche. Alle paar Minuten tauchen am Himmel über mir ein paar vereinzelte Möwen auf; dann gleiten sie weg nach Osten, lassen sich von Wind und Wolken wer weiß wohin treiben. Als ich aufstehe und zur Eiche gehe, hat sich Ruhe auf mich herabgesenkt.

Mit ehrfürchtigen Schritten gehe ich um die Eiche herum und betrachte wie immer die verschiedenen Seiten des Baumes. In der Hoffnung, ein herabgefallenes Stück Honigwabe zu finden, suche ich den Boden an der Südseite der Eiche ab, vergeblich. Nach einer einzigen Umrundung des Baumes gehe ich zurück und über die Brücke wie in einem veränderten Seinszustand.

Ich streife herum, bis der Tag fast vorbei ist. Dann mache ich in dem Kiefernwald kehrt, in dem ich gelandet bin, und verfolge meinen Weg zurück bis zur Honywood-Eiche, wo ich im zunehmenden Zwielicht stehe, im verdämmernden, zerfasernden Ende des Tages. Ich trete näher, bis mich das dunklere Licht unter dem Baum umfängt. Von dort schaue ich hinauf in den Torso der Eiche und spähe in die stillen Schatten zwischen Ästen, Blättern und Himmel; eine Zeit lang starre ich nach oben, dann wende ich mich um und gehe weg.

—

Ein paar Tage später bekomme ich auf dem Weg zur Arbeit eine Nachricht von meinem Freund Mark Mansfield; er ist ein auf Kalkputz spezialisierter Stuckateur und ein Quell des Wissens, was archäologische und antike Themen anbelangt. Er schreibt, er habe gerade vor seiner Haustür im Dorf Kersey in Suffolk den auf angelsächsische Geschichte spezialisierten Historiker Dr. Sam Newton getroffen und sich mit ihm über lokale Landschaften und das eigenartige Phänomen der *grundles* von Suffolk unterhalten – seltsame, vom Schmelzwasser der Gletscher in die Erde gegrabene Einschnitte, die Mark und ich an einem schönen Tag vor ungefähr einem Jahr miteinander erkundet haben. Manche Leute glauben auch, die Gräben hätten etwas mit den Höhlen von Ungeheuern zu tun – dass in dem Wort *grundle* ein etymologisches Echo von Grendel, dem Unhold aus dem angelsächsischen Epos *Beowulf* anklingt, ist für sie einfach zu verlockend. Marks Nachricht lautet:

> Wir haben über die Gefahr geredet, die Tür zum Hexen-Hokuspokus aufzustoßen.

Ich weiß, was Mark meint. Oder zumindest glaube ich, es zu wissen. Bei Dingen, die schwer zu verstehen sind, ist die Versuchung groß, sich auf der Suche nach Ursachen vom vernünftigen Denken abzuwenden. Die Gletscherspuren in der Landschaft von Nordsuffolk als Höhlen irgendwelcher Bestien zu interpretieren, ist sicherlich weit hergeholt. Die moderne Geomorphologie würde sie anders interpretieren. Noch vor ein paar Hundert Jahren hätte allerdings die »Drachenhöhle« als Erklärung jener seltsamen, dunklen, wässrigen Orte ziemlich gut ins Denken vieler Menschen gepasst.

Im Wunsch, seltsame und ungewöhnliche Phänomene zu begreifen, sind einige, manchmal sogar viele Menschen bereit, auf wissenschaftlich ganz und gar nicht gesichertem Gebiet nach Indizien zu suchen. Vielleicht kommt es ihnen so vor, als hätten sie keine Wahl.

Rationale Beweise beim Deuten von Glauben und Gefühlen beiseitezulassen, ist schließlich ein Kernelement jedes religiösen Denkens.

Wie können wir also jenes Gefühl von Ruhe und Frieden erklären, das entsteht, wenn wir an oder in einer Eiche sind, ohne auf irrationale Thesen zurückzugreifen? Ich denke an die psychologischen Vorgänge, die Mike Rogerson dargelegt hat, seine Erörterung der »meditativen Zustände« und »mühelosen Aufmerksamkeit«. Seine Argumentation ist vollkommen einleuchtend. Trotzdem habe ich das Gefühl, dass da noch mehr ist.

So lange schon bin ich von Eichen bezaubert; ich habe eine seltsame Verbundenheit mit einzelnen Bäumen entwickelt und finde in ihrer Gegenwart zu einer Art existenzieller Erleichterung. Allerdings habe ich keinerlei Erklärung dafür. Ich habe kein starkes konventionelles religiöses Glaubenssystem, an das ich mich halten könnte. Also bleibt mir nur das Staunen.

Vor Kurzem hat mich jemand auf die Arbeit von Monica Gagliano aufmerksam gemacht. Ihre Forschungen verändern das wissenschaftliche Bild von der Natur pflanzlicher Intelligenz dramatisch. Als ich im Büro ankomme, fällt mir ihr Name wieder ein. Auf ihrer Internetseite bemerke ich als Erstes ein Zitat:

Not all those who wander are lost.[17]

Ich lächele. Das ist seltsam beruhigend. Der Autor wird nicht genannt, aber ich weiß, dass diese Worte von J. R. R. Tolkien stammen, zitiert aus der Originalversion eines Gedichts in *Der Herr der Ringe*: »Nicht alles, was Gold ist, funkelt, / Nicht jeder, der wandert, verlorn«.[18] Auf meinem Schreibtisch zu Hause liegen die gleichen Worte, vor einigen Jahren von meiner damals fünfjährigen Tochter Molly mit blauem Farbstift auf einen Fetzen Papier geschrieben. Sie hatte den Vers umgeformt zu »*Not all those who wonder are lost*« – »Nicht jeder, der staunt, ist verloren«.

Die Arbeit von Gagliano ist verblüffend. Einer ihrer Aufsätze trägt den Titel »Der Verstand der Pflanzen: das Undenkbare denken.«[19] Ihr zentrales Argument ist, dass Pflanzen – das ergeben wissenschaftliche Untersuchungen – in der Lage seien, durch Assoziationen zu lernen. Sie können Entscheidungen treffen.

Und Gagliano steht mit dieser Ansicht nicht allein. Es gibt eine weitere Gruppe von Wissenschaftlern, die sich »Pflanzen-Neurobiologen« nennen; auch sie erkunden Kognition und Empfindungsvermögen der Pflanzen. Kürzlich habe ich mit der Lektüre von Paco Calvos Studie über die »Philosophie der Pflanzen-Neurobiologie« begonnen; mit einem Team der Universität Murcia in Spanien untersucht er die ökologischen und philosophischen Grundlagen der Intelligenz von Pflanzen. Der erste Satz lautet: »Von der Intelligenz der Pflanzen zu sprechen, ist kein Tabu mehr.«[20] Hier scheint mir eine offensichtliche Verbindung zu der Pionierarbeit zu bestehen, die in den 1990ern von der Ökologin Suzanne Simard aus British Columbia geleistet wurde. Sie erforschte das Myzel-Netzwerk aus Pilzen zwischen den Ausläufern der Wurzelsysteme von Bäumen, eine Art *Wood Wide Web*, das als Verbindungsnetz und entscheidende Lebensquelle des Waldes funktioniert. Simards wissenschaftliche Arbeit hat uns gezeigt, dass Bäume keine einsamen Individuen sind; in ihren Worten »kommunizieren sie über und unter der Erde miteinander«.[21]

Jetzt sind wir auf dem besten Weg, zumindest teilweise zu verstehen, wie Bäume und andere Pflanzen denken.

Das alles ist ganz wunderbar überwältigend.

Ich gehe hinaus an die frische Luft und treffe durch einen glücklichen Zufall meine Freundin Sarah Beavins, die auf einer Steintreppe sitzt. Aus früheren Gesprächen weiß ich, dass Sarah eine tief verwurzelte Wertschätzung für die heiligen Aspekte der Natur hegt.

»Ich wollte mir gerade einen Kaffee holen«, sagt sie. »Soll ich dir einen mitbringen?«

Ich kenne Sarah seit ein paar Monaten. Sie ist ein Bündel lebhafter, ansteckender Energie. Ich nehme ihr Angebot dankbar an, und wir vereinbaren, uns in ein paar Minuten bei mir zu treffen.

Wie ein Wirbelwind aus Taschen und Kaffeebechern und Lächeln kommt sie in meinem Büro an. Sie plant, eine Reihe von Texten zu schreiben, die um die Elemente kreisen.

»Einer soll mit Windparks zu tun haben«, erklärt sie. »Und einer mit Kläranlagen.«

Wir lachen und machen Witze darüber, wie man am besten über Abwasserentsorgung schreiben könnte.

Sie weiß, dass ich meine Zeit mit dem Kennenlernen von Eichen verbringe. Vor einiger Zeit hatte ich Sarah gefragt, ob sie bereit wäre, mich in ihre spirituellen Überzeugungen einzuführen. Jetzt bin ich begierig zu erfahren, was ich ihrer Ansicht nach während all dieser Momente an oder in Eichen tatsächlich praktiziert habe. Ich schneide das Thema an. War das eine Form von Baumkult? Es hat sich nicht so angefühlt, als hätte ich Bäume kultisch verehren wollen. Rückblickend hatte es jedoch sicherlich etwas mit einer Meditationspraxis zu tun, die um die Präsenz von Eichen kreiste. Aber war es wirklich darum gegangen, zur Eiche zu werden, oder nur darum, in Gesellschaft von Eichen zu sein? Ich halte inne und runzele die Stirn. Es ist schwer, die richtigen Worte zu finden.

»Beim Meditieren versuche ich, zu einer Birke oder einer Eiche zu werden«, erklärt Sarah. »Meine Finger in der Rinde zu versenken, sie in die Furchen einzupassen, meine Stirn an die Eiche zu lehnen und zu atmen … Ich versuche definitiv, die Eiche zu werden.«

»Genau«, murmele ich.

Sarah fährt fort: »Du weißt, wie sich eine Eiche fühlt, wenn sie Anfang Mai dieses frische Grün hervorbringt, dieses zarte, helle Grün. Ich für meinen Teil versuche tatsächlich, die Eiche oder der Weißdorn zu werden und mein Ich hinter mir zu lassen. Ich glaube, wir sind alle Teil eines einzigen Ganzen.«

Sarah lächelt.

Mir fallen Monica Gaglianos Worte ein – »das Undenkbare denken«.

»Wir sind Teil eines einzigen Ganzen«, wiederholt Sarah.

»Als lebende Wesen?«, taste ich mich vor.

»Als lebende Wesen. Im Universum gibt es nur eine bestimmte Anzahl von Molekülen. Es ist ein geschlossenes System.«

»Würdest du das, was du tust, als spezifisch ›heidnische‹ Praxis bezeichnen?«, frage ich.

»Nein«, sagt Sarah.

»Es ist also eine meditative Praxis«, beginne ich. »Aber es ist auch nicht wirklich buddhistisch, oder?«

»Nein. Es gibt keine bestimmten heidnischen Richtungen, die vorschreiben, man solle dies oder jenes tun.«

Das ist faszinierend. Begriffe wie »heidnisch« oder »Heidentum« haben für viele Menschen einen negativen, abwertenden Beiklang. Aber ich erinnere mich, dass das Wort etymologisch mit »Land« zusammenhängt. Wer auf dem Land, auf der Heide lebt, ist ein Heide – per definitionem. Mit Sicherheit wären wir alle gern bereit, ein Gefühl einer Verbindung zur natürlichen Welt zu akzeptieren.

Sarah erzählt, sie habe mich vor einigen Tagen in einer E-Mail an eine Freundin scherzhaft als »verwurzelt in der Landschaft« und »ein bisschen heidnisch angehaucht« beschrieben. Das gefällt mir.

Ich versuche das, was Sarah gesagt hat, zu dem in Beziehung zu setzen, was ich tue – seit den Tagen, die ich damit verbrachte, um die Honywood-Eiche herumzugehen, sie zu sehen, ihr Ökosystem zu erkunden, diese spezielle Eiche kennenzulernen. Das kommt mir vor wie der erste Teil der Geschichte: ein Prozess des Lernens, des Schreibens über die Lebewesen, die die ökologische Gemeinschaft der Eiche bildeten. In jener Zeit entdeckte ich, wie beruhigend es wirkt, sich an einer Eiche aufzuhalten. Ich war aufgeregt und begeistert, wenn ich das Landgut durch das kleine Holztor betrat und wusste, dass ich einfach an der uralten Eiche sitzen und beobachten würde.

Und dann gab es noch jene andere Ebene meiner Erfahrungen mit Eichen, den gezielteren Akt des Sitzens, des Zeit-Verbringens – oder des Meditierens, wenn es das denn ist – an der Wieseneiche und des Kletterns in die Hirschhorneiche auf dem Zweieichenhügel.

»Ich habe nicht versucht, die Eiche zu werden. Ich war weiterhin ein separates Lebewesen«, sage ich.

Sarah hat einen Rat für mich.

»Lass das Intellektualisieren. Versuch einfach, zu werden.«

Ich lächele. Ich bin sicher, dass das ein guter Rat ist.

»Das Bestreben, keine Gedanken zu haben, ist ein Teil dessen, worum es bei der Meditation geht«, erklärt sie. »Vorgefasste Meinungen hinter sich zu lassen. Nicht zu sagen« – sie legt einen spielerisch-schrulligen Ton in ihre Stimme – »›Ich frage mich, wie es ist, eine Eiche zu sein. Ich frage mich, was diese Eiche mir sagen wird.‹ Sondern stattdessen einfach zu sagen: ›Ich bin.‹«

»Ich vermute, ich will auf die Frage hinaus, warum ich in der Gesellschaft von Eichen ruhiger und glücklicher und friedlicher werde«, antworte ich. Mir fallen die Worte von Mike Rogerson ein. »Das ist keine einfache Frage, und ich erwarte keine einfache Antwort«, sage ich. »Deshalb strecke ich meine Fühler zu verschiedenen Leuten aus, die sie vielleicht auf unterschiedliche Weise beantworten.«

Sarah seufzt, nickt sanft und wirft mir ein schiefes, anerkennend-anteilnehmendes Lächeln zu.

»Du stehst neben einem Wesen, das noch Hunderte von Jahren leben wird. Es gibt uns ein Gefühl für unsere eigene Vergänglichkeit.«

Sie zeigt in Richtung Decke.

»Wie wenn wir da hinaufschauen, bei Nacht, und erkennen, wie winzig wir in Wirklichkeit sind.«

Ich nicke. Ich weiß, worauf Sarah hinauswill.

Eine bessere Antwort werde ich zweifellos nirgends bekommen. Der Blick hinauf zu den Sternen oder die Gesellschaft von Eichen, die uns so lange überleben werden, gibt uns Frieden und die Fähigkeit, uns selbst im Kontext einer unendlichen, so viel bedeutsameren Welt als unserer eigenen zu sehen.

Noch am gleichen Tag wende ich mich wieder meinen Büchern zu. Schon seit über einem Jahr habe ich Stuart Piggotts Buch über die Druiden aus der Bibliothek ausgeliehen. Er schreibt – im rationalen Ton des Wissenschaftlers –, das Problem »unseres Wissens über die Druiden« bestehe parallel zu dem der »Erschaffung von Idealisierungen oder Mythen über die Druiden«. Unser Druidenwissen stammt aus lückenhaften antiken Texten, und unser Bild von ihnen ist manchmal schwülstig und schillernd. Aus den überlieferten Belegen lässt sich mit Sicherheit ableiten, dass die Druiden als »prähistorische keltische Priesterschaft« existiert haben. Aber es gibt eine klare Trennung zwischen den »Druiden unseres Wissens« und den »Druiden unserer Sehnsüchte«, wie Piggott sie nennt.[22] Alle Wahrheiten, über die sie möglicherweise verfügten, einschließlich der Kulthandlungen an Eichen, sind verloren. Unser heutiges Bild der Druiden ist eine Rekonstruktion, die ihrer romantischen Neuentdeckung im 18. Jahrhundert entstammt: Druiden gelten als weise Ur-Briten mit heiligem Wissen über die Welt der Natur, das im Laufe der letzten zweitausend Jahre verloren ging.

Ich klappe den Band zu, schließe die Wörter zwischen den abgegriffenen grünen Buchdeckeln ein. Ich schiebe ihn über den Schreibtisch nach hinten und lehne mich in meinem Stuhl zurück. Mir fällt Sarahs Bemerkung von vorhin ein: »Lass das Intellektualisieren. Versuch einfach, zu werden.«

Ich bin auf der Suche nach Eichenwissen. Ich habe erlebt, was auch vielen anderen Menschen bekannt ist – dass es einen irgendwie beruhigenden Effekt hat, sich bei einer Eiche aufzuhalten. Ich weiß das. Ob ich die uralte Pracht der Honywood-Eiche betrachte, neben der viel jüngeren Gestalt der Wieseneiche sitze oder mich an die Äste der Hirschhorneiche auf dem Zweieichenhügel schmiege – dank dem Zusammensein mit diesen Eichen geht es mir besser. Mein Geist hat sich beruhigt. Ich bin weniger ängstlich, fühle mich sicherer in meiner eigenen Haut. Ich kann die Gegenwart akzeptieren, und es fällt mir leichter, ich selbst zu sein. In solchen Momenten frage ich mich nicht, warum das so ist. Stattdessen nehme ich einfach den ruhigen Balsam entgegen, den die Gegenwart von Eichen bietet.

4. Oktober

Als ich auf dem Zweieichenhügel stehe, weht ein forscher Wind von Westen heran. Der Tag ist prachtvoll. Sonnenschein und blasse, bauschige Wolken füllen den Himmel. Ich lasse mich von meinen Füßen führen, bis ich wieder einmal oben zwischen Ästen und Blättern angelangt bin, über die Erde erhoben und gehalten von der Hirschhorneiche. Seltsam, wie ihre Äste menschlichen Gliedmaßen gleichen.

Irgendetwas fesselt mich einige Augenblicke lang an die Erde, bevor ich sie verlasse und in die Eiche klettere. Doch sobald ich oben bin, in diesem Reich, erfüllt mich ein Gefühl der Ruhe. Diese Empfindung wird nur von dem Gedanken gedämpft, dass ich hier nicht gesehen, nicht ertappt werden darf, dass mich eine vorbeikommende Person entdecken könnte. Diese Sorge erfüllt mich, während ich in der Eiche sitze, und ich kann sie nicht abschütteln, kann nicht einfach hier auf dem Baum sein, unbeeinflusst von der Angst vor dem, was andere sagen, denken oder tun könnten. Ein erwachsener Mann, der in einer Eiche auf einem Hügel sitzt.

Der Wind weht. Die Eicheln schaukeln, und die kleineren Zweige bewegen sich, aber ich werde fest und sicher gehalten und spüre, wie mein Rücken sich am Stamm erwärmt. Ich werde ruhiger. Allmählich vergesse ich meine Ängste. Ich fühle mich nicht mehr allein.

Inmitten der Eiche, inmitten dieser Welt hier oben, ist die Welt da unten weit weg.

11. Oktober

Ich bin auf dem Weg zum Zweieichenhügel. Obwohl ich nur ungefähr eine Stunde Zeit habe, kommt es mir wie das Beste vor, was ich tun kann. Ich habe das Gefühl, hingehen zu müssen. Für ein paar Augenblicke werde ich in der Eiche sitzen, und alles wird gut. Also tue ich genau das, und dort, auf dem Baum, fühle ich, wie sich Frieden auf mich herabsenkt. Der Druck der Äste gegen meinen Rücken und meinen Kopf bringt süße Erleichterung.

Ich weiß nicht mehr, was ich machen soll. Ich bin erdgebunden und versuche zu fliegen. Jeden Tag sehne ich mich danach, emporzusteigen, danach, in der Eiche zu sein, mich dort zu verstecken und diese Welt hinter mir zu lassen. Aber es darf nicht sein. Außerdem wäre es einfach eine Flucht. Also klettere ich stattdessen, wann immer ich kann, weg von der Erde und hinauf zu dem schützenden Sitz in der Hirschhorneiche auf dem Hügel. Und dort, einen Moment lang, herrscht Frieden.

18. Oktober

Am Zweieichenhügel trägt der Wind Kälte heran. Ich nehme den Pfad nach Westen, entlang der grauen Statuen toter Disteln, die im frischen Luftstrom wanken. Auf dem Gipfel des Hügels wappne ich mich und richte mich zu voller Größe auf, um hinauszuschauen über die Baumlandschaft; ihre äußeren Spitzen fangen an, in Braun- und Gelbtönen anzulaufen, die von der bevorstehenden Jahreszeit künden.

Auch die beiden Eichen sind vom Herbst überhaucht. Die Blätter scheinen angesichts des Windes zu zittern. Sie sind geschrumpft, während sie sich darauf vorbereiten, das Grün des Lebens einzubüßen und allmählich zu sterben. Als die Sonne hinter einer der letzten grauen Regenwolken auftaucht, bringt sie immer noch genügend Wärme mit, um mich an den Sommer zu erinnern. Nach einer einzigen zarten Berührung fliehen ihre Strahlen zurück hinter die Wolken.

Neben der hinteren Eiche liegen zwei Eulengewölle, durchweicht und geschwärzt vom Regen. Ungefähr vier Meter darüber sehe ich die zerkratzte Rinde eines Astes; er scheint der Ort zu sein, an dem die Eule ihre Nachtwache hält. Hierher werde ich zurückkommen, vereinbare ich mit mir selbst. Bald werde ich den Pfad entlangschleichen, durch die Dunkelheit oder im Zwielicht, um einen Blick auf diesen weiß geflügelten Engel der Nacht zu erhaschen.

Ich fühle, dass die Zeit drängt. Und dennoch kann ich nicht widerstehen, als ich auf dem Rückweg an der Hirschhorneiche vorbeikomme, also steige ich hinauf in den Baum, setze mich hin und betrachte die Sonnenstrahlen, die sich auf dem Eichenlaub spiegeln. Ich bleibe ein paar flüchtige, aber selige Augenblicke lang und ruhe mich aus und frage mich, wie es wäre, genügend Zeit zu haben – Zeit, um zu bleiben und zuzusehen, wie die Blätter ihr Grün verlieren, bis sie fallen, und auf diesem Ast oder anderen zu leben, bis ich ein so fester Bestandteil der Eiche wäre wie das Geäst, das mich trägt.

—

Mit meinem Freund Paul Gwynne unternehme ich eine Reise aufs Land jenseits von Gosfield, ein paar Dörfer von meinem Wohnort entfernt, um Stephen Westover zu besuchen. Wir wollen *heathering* für die Gärten abholen, um die Paul sich kümmert. Dieses Wort hat er jedenfalls in einer E-Mail an mich verwendet, und ich weiß nicht genau, was es bedeutet. Aber ich weiß, dass ich Stephen kennenlernen möchte. Dylan Pym hat mir erklärt, wenn ich jemanden kennenlernen wolle, der »mehr über Bäume weiß als die meisten anderen hier«, solle ich Stephen Westover besuchen. Zusammen mit seiner Tochter Becky leitet Stephen ein auf Baumpflege und Waldbau spezialisiertes Unternehmen. Sie bewirtschaften mehrere kleine Waldgebiete und verarbeiten die gefällten Bäume zu allen möglichen Produkten von Feuerholz bis zu gespaltenen Dachschindeln aus Eiche. Ihr Firmensitz liegt auf einer Wiese in der Nähe des Dorfes Blackmore End.

»Zieh dich warm an«, warnt mich Paul per Textnachricht. »Die Werkstatt ist in einer seitlich offenen Scheune ohne Windschutz.«

Zum Mittagessen gibt es bei Paul eine hausgemachte Suppe aus Roter Bete und Kürbis; sie hat die gleiche prächtige, satte, blutviolette Farbe wie der Sonnenaufgang heute Morgen. Wir setzen uns an den Tisch, dankbar für die heiße Brühe.

»Also – wie weit bist du mit den Eichen?«, fragt Paul.

Er hat meine Fortschritte über die Jahre mitverfolgt, von meinen ersten Schritten in Richtung Honywood-Eiche bis zu den ätherischeren Gefilden, in denen ich jetzt wandele. Ich versuche zu erklären, auf welche Weise ich mich nach wie vor bemühe, die Beziehungen zwischen Menschen und Eichen zu erkunden.

»Nun ja«, beginne ich, »ich schaue mir das an, was man die ›spirituelle Seite‹ von Eichen nennen könnte. Und ich frage Leute, die mit Holz arbeiten, nach ihrer Einstellung Bäumen gegenüber.«

Paul nickt.

»Es geht etwas in die Richtung der Frage, warum anscheinend so viele Menschen, die mit Holz zu tun haben – sogar die hartgesottensten Waldarbeiter –, gegenüber bestimmten Bäumen wirklich tiefe Gefühle entwickeln.«

Ich erzähle die Geschichte von dem Förster Richard Fordham, der mir gegenüber voller Zuneigung von einem seiner Lieblinge, einem bestimmten Weidenbaum, sprach. Paul kennt Richard ebenfalls. Über seine Suppenschale gebeugt, hebt er eine Augenbraue.

Mit Paul kann man gut über solche Themen reden. Er hat viele Jahre lang in den Gärten und Wäldern des kleinen Landguts gearbeitet, das er verwaltet, ist also gründlich geerdet. Aber er ist auch Philosoph und Surfer, ein Mann, der es mag, mit der Natur verbunden zu sein. Er versteht, wie schwierig es ist, solche Antworten zu suchen, solche Türen zum Glauben aufzustoßen. Aber er kennt auch das Bedürfnis, solche Fragen zu stellen.

Ich zitiere den Ratschlag, den Sarah Beavins mir vor einigen Wochen gegeben hat – nicht nur über Eichen nachzudenken, sondern zu versuchen, selbst zur Eiche zu werden. Ihre Worte klingen immer noch in meinem Kopf nach. War das nicht genau das, was ich die ganze Zeit über machte, wenn ich zur Wieseneiche ging und dort stundenlang saß oder wenn ich immer wieder in die Hirschhorneiche auf dem Zweieichenhügel kletterte? Wenn ich auch nicht zur Eiche geworden bin, habe ich mich nicht aktiv darum bemüht, mich durch das Zusammensein mit Eichen irgendwie verwandeln zu lassen?

»Inzwischen können Wissenschaftler erklären, wie Bäume über Mykorrhizapilze miteinander kommunizieren«, sagt Paul. »Und es gibt andere Leute, die im Wald LSD genommen haben und dir erklären, dass Bäume auf eine Art lebendig sind, die wir normalerweise nicht zu schätzen wissen.«

Wir lachen.

»Sie liegen gar nicht so weit auseinander«, fügt Paul hinzu.

Wir lachen wieder. Es stimmt. Die Wahrheit über Eichen kann man auf vielen Wegen suchen.

Das hat mit Erfahrungen zu tun. Wer Zeit mit Eichen verbringt, wird Aspekte dieser Bäume zu schätzen lernen, die unsere moderne Kultur größtenteils vergessen hat, die aber viele Menschen noch spüren, die im Wald arbeiten oder den Wald verehren. Und einige werden sowohl von der modernen Wissenschaft als auch von naturorientierten Glaubensrichtungen anerkannt. Letztlich läuft es darauf hinaus, wie man die Sache ausdrücken will – in Worten, die neurologische Muster und Verhaltensweisen beschreiben, oder in anderen Worten, die das Zur-Eiche-Werden artikulieren.

Wir fahren mit dem Landrover los und finden Stephen und Becky am Ende eines Feldwegs durch das Flachland von Nord-Essex neben ihrer Werkstatt in der offenen Scheune, die mit Wänden aus Feuerholz vollgestapelt ist. Sie tragen beide mehrere Schichten Kleidung gegen den Wind.

Paul übernimmt die Vorstellung. Wir scherzen über die Kälte.

»Ich habe sieben Lagen übereinander an«, sagt Stephen.

Während Becky und Paul plaudern und Beckys herumspringende Hirtenhunde Splinter und Chip ihre Bekanntschaft mit Berkeley erneuern, Pauls Working Cocker Spaniel, führt mich Stephen durch die Werkstatt. Er erklärt mir die verschiedenen traditionellen Techniken der Holzbearbeitung, die Becky und er noch beherrschen. Beispielsweise zerteilen sie das Holz, indem sie es mit der Faser spalten, statt es zu zersägen, wodurch die Kraft des Holzes erhalten bleibt. Sie verwenden Werkzeuge wie Schlägel und Spalteisen. Er zeigt auf einen Stapel gespaltener Latten, die als Rahmenkonstruktion für die Wände von Holzhäusern dienen werden. Becky hat sie gemacht.

»Sie ist viel besser als ich«, gibt er vergnügt zu, mit einem stolzen Lächeln.

Tatsächlich sind Holzhandwerkerinnen gar nichts Ungewöhnliches. Ich schaue zu Becky hinüber, die gerade Mittagspause macht und, an ihren Transporter gelehnt, belegte Brote isst. In ihren Händen ist das Unternehmen sicher – genau wie die umliegenden Wälder.

Stephen strahlt klarsichtige Weisheit aus. Er spricht ohne Eile, in einem ruhigen, gleichmäßigen Tonfall, der von Jahren der Erfahrung und des Wissens zeugt. Irgendwann nennt er sich selbst einen »gammeligen Waldarbeiter«. Vielleicht ist er das, aber er ist auch jemand, der viel über Bäume weiß. Die Honywood-Eiche kennt er sehr gut. Vor über dreißig Jahren hat er im Arboretum von Marks Hall Estate gearbeitet, noch bevor Jonathan Jukes als leitender Baumpfleger auf dem Landgut anfing.

»Wir haben den Schutzzaun um die Honywood-Eiche gebaut«, erzählt er. »Vor ungefähr vier Jahren.«

Jetzt, wo er davon spricht, fällt mir auf, mit welcher einfühlsamen Sorgfalt die niedrige Barriere rings um die Eiche konstruiert ist; auf höfliche Weise hält sie die Menschen davon ab, zu nahe an der Eiche zu stehen und versehentlich die Erde um den Baum festzutreten. Ich habe die bearbeiteten Holzstücke vor Augen, die horizontalen Hürden aus langen, mit der Faser laufenden Latten, jede einzelne aus einem dickeren Stück Holz herausgearbeitet, nicht einfach gesägt.

Wir kehren zu Paul und Becky zurück und gehen zusammen hinüber zu einem schwarzen Silo aus Wellblech. Es erweist sich als weiteres Holzlager; innen sind Drei-Meter-Bretter aus Edelkastanienholz aufgestapelt. Paul plant, am Ufer eines kleinen Sees auf einem Landgut in Alphamstone einen Anlegesteg daraus zu bauen. Er betritt das Silo, um mit Stephen das Holz zu inspizieren. Ich plaudere derweil ein wenig mit Becky. Sie hat sich in eine abgetragene blaue Jacke gewickelt, die sie über mehreren Lagen Arbeitskleidung trägt. Inzwischen arbeitet sie schon seit mehreren Jahren mit ihrem Vater zusammen. Die beiden sind ein gutes Team. Wie gut, das sieht man an der entspannten Art ihres Umgangs miteinander.

»Die Zeit vergeht«, sagt sie wehmütig.

Wir spähen beide hinein, in die dunklen Ecken des Silos.

»Man riecht die Ratten«, stellt sie fest.

Es ist Zeit zu gehen. Becky muss Kinder von der Schule abholen, Paul und ich müssen zurück, um unsere Töchter einzusammeln. Aber zuerst sind fünf Bündel *heathering* auf das Dach des Landrovers zu hieven: ungefähr drei Meter lange Haselstecken, die zum Verflechten junger Hecken dienen und diese stabilisieren. Paul will daraus Pflanzgestelle machen; Gartenblumen können durch das Gitter aus Ästen emporranken.

Auf dem Rückweg sprechen Paul und ich im Landrover darüber, wie bodenständig Stephen und Becky wirken. Sie sind geerdet. Es ist, als hätte ihre Zeit in den Wäldern, mit den Bäumen, etwas Elementares bei ihnen bewirkt, sie verankert. Sie sind beide so eng mit Holz verbunden. Sie schlagen Holz, bearbeiten Holz und sind irgendwie zu Holz geworden – Waldmenschen, mit der Erde vereint.

Ich schaue aus dem Seitenfenster über die Felder und suche nach einzelnen Waldstücken vor dem grauen Horizont. Noch vor wenigen Hundert Jahren, vor der Industrialisierung, hätten so viele von uns ein ländliches, kein städtisches Leben geführt. Wir alle hätten viel mehr mit Wäldern zu tun gehabt; Bäume wären ein gewöhnlicher Teil unseres Alltagslebens gewesen.

25. Oktober

Die Sonne geht auf. Die Wiese ist still; sie schläft unter einer blassen Nebelschicht, die etwa einen Meter über der Erde schwebt.

Als ich auf dem Kaninchenpfad diesen schimmernden Schleier durchschreite, verschwindet er um mich herum, zerfällt ins Nichts. Aber als ich ganz hinten am Holzzaun ankomme und mich umdrehe, sehe ich, dass der gleiche flüchtige Dunst immer noch da ist. Vom Zaun aus sehe ich die Sonne, die jetzt hoch genug steht, um die oberen Äste der Bäume an der Straße zu vergolden. Ihr honigsüßer Hauch streift den Nebel. Die Welt erwacht. Vögel fliegen auf. Möwen, Tauben und Krähen erscheinen am matten Himmel. Drei Pferde grasen ruhig.

Ich bleibe eine Weile und schaue zu, wie die Sonne emporsteigt und der blasse Dunst immer mehr zu Honigtau wird, während er sich erwärmt und verdampft.

Etwa eine Stunde später stehe ich an einer Hecke und höre zwei der letzten Spatzen zu. Auf dem Weg in Richtung der Eichen halte ich am Friedhof inne, wo die Amseln singen und zwischen den Grabsteinen herumfliegen. Der Himmel ist mit einem fahlen weißen Tuch ausgekleidet, das die Sonne durchbricht, um das Herbstlaub golden zu erleuchten. Die Rosskastanienbäume sind schon komplett ins Graubraune umgeschlagen. Kastanien liegen ringsum verstreut.

Es ist niemand in der Nähe. Stille hat sich über diese Senke gelegt. Ich überquere die Brücke über dem heiligen Bach, um zu den zwei Eichen hinaufzugehen, und bringe ihm die einzige Opfergabe dar, die ich dabeihabe: eine Eichel, die seit Ewigkeiten in meiner Tasche steckt.

Überall sehe ich Eichen. Am Straßenrand, wenn ich durchs Dorf gehe. Alle Eichen, die ich kenne, zeichne ich auf einer Eichenkarte der Umgebung ein. Ich sehe sie am Rand der Autobahn, wenn ich aus London zurückkomme – glänzend goldenes Eichenlaub, wenn alle anderen Bäume kahl sind. Und ich sehe überall Eichenblätter. Als ich im gerade geborenen Licht eines jungen Tages meine beiden Töchter Eva und Molly zur Vordertür in Richtung Schule hinausbugsiere, liegt ein Nest aus Eichenblättern auf dem Weg vor dem Haus wie eine Votivgabe. Oft habe ich keine Zeit zum Stehenbleiben und Schauen, es reicht nur für kurze Blicke, die registrieren, dass immer noch Eichen in meinem Leben präsent sind – stets am Rande des Wahrnehmbaren, aus dem Augenwinkel erhaschte Blätter. Eines Tages klebt ein Eichenblatt, verschlissen und verdreckt, an der vorderen Stoßstange meines Autos. Es ist ein Zeichen für alle, die sehen können. Ich sehe es. Als ich an einem anderen Tag die Betontreppe in der Bücherei hinaufgehe, liegt dort auf dem blanken Estrich ein Eichenblatt, vier Stockwerke über der Erde. Ich kann gar nicht anders, als es vom Boden zu schälen und als heiliges Lesezeichen in das Buch zu stecken, das unter meinem Arm klemmt: Stuart Piggotts *The Druids*. Ich kann die Eichen nicht hinter mir lassen. Entweder lassen sie mich nicht gehen, oder ein Teil von mir lässt sie nicht los.

Noch am gleichen Tag trete ich durch das Tor zum Landgut Marks Hall und werde wieder von dem unverwechselbaren Duft nach Honigwaben umfangen, der die Luft zu erfüllen scheint. Ein seltsamer Strauch, dessen Namen ich nicht kenne, summt im Fleiß der Bienen, als wäre es Frühling. Büschel aus winzigen hellen Laternenblüten hängen noch daran und offerieren Nektar. Und dazwischen hängen ungewöhnliche orange-rosafarbene Früchte. Ich pflücke eine von ihnen und gehe weiter, über Rasenflächen, die mit schrumpeligen Äpfeln und Birnen übersät sind.

Ich überquere die Brücke über dem Bach am See.

Dann gehe ich zur Honywood-Eiche, steige an ihrer Südseite über die niedrige Holzumzäunung und bleibe neben dem Baum stehen. Ein frischer Klumpen Bienenwabe liegt am Boden. Eine Opfergabe.

Als ich diesen Schatz aufhebe, bin ich überwältigt von dem Anblick, entzückt von seiner Zartheit, seiner Zerbrechlichkeit. Ich hebe ihn zu meiner Nase empor. Er duftet rauchig süß.

Später fliegt ein Reiher am Bach entlang nach Norden, mit luftiger Grazie – und dennoch landet er bleibeinig, als er zurück auf die Erde fällt. Kein Vogelgesang ist zu hören. Es fühlt sich an, als warteten wir alle – die Welt, die Lebewesen ringsum und ich selbst – auf etwas. Ein Fasan stakst still über die Erde vor der Eiche. Erst zwei, dann drei Gänse erheben sich, schütteln ihre Federn in weißen Wogen und lassen sich wieder nieder. Der Reiher steigt in die Luft und fliegt erneut nach Norden, am Bach entlang. Auch ich gehe für eine Weile in nördlicher Richtung, auf der Suche nach dem Gesang der Wintergoldhähnchen in den Kiefern.

Als es Zeit wird zu gehen, durchquere ich den Hain aus Wildäpfeln und verkrüppelten Birnbäumen, trete in einem letzten wunderbaren Hauch des rätselhaften Honigdufts durch das Holztörchen und bin weg.

8. November

In der Kälte des Nordwinds liegt etwas Eisiges. Ich gehe hinaus. Helle Flecken aus Wolkenbänken am Himmel. Ein Traktor zieht auf dem Feld neben mir seine Bahnen. Allmählich bricht die Sonne durch und bringt Wärme. Sechs weiße Tauben fliegen über dem Boden dahin und verblüffen mich mit ihrer Gegenwart, als hätte der Wind sie aus einem fremden, entlegenen Land herbeigeweht.

Ich gehe nach Süden und kneife die Augen vor der Sonne zusammen. Der Tag knistert und knirscht. Trockenes Laub. Ein ferner Schuss. Es klart auf. Fasane krächzen. Eine Misteldrossel fliegt hoch über der Kirche. Ich gehe weiter nach Süden. Zwei Krähen sitzen auf den Ästen des Hirschgeweihs. Als ich auf die Wiese trete, fliegt eine weg, die andere bleibt sitzen. Die Sonne scheint immer noch. Der Tag wird klar. Auf dem Hügel bleibe ich eine Weile stehen und schaue zu, wie ein Strom schwarzer Saatkrähen aus grünen Wiesen weit hinter dem Bauernhof emporsteigt und durch den blauen Himmel über den Wäldern nach Osten gleitet.

Ich schlüpfe in die Eiche, klettere leichtfüßig hinauf und kuschele mich an ihre Südseite, durch den Stamm vor der schlimmsten Kälte aus dem Norden geschützt. Sonnenstrahlen splittern durch das Eichenlaub und fallen auf mein Gesicht. Mein Kopf lehnt an der Eiche. Meine Augen fallen zu. Ein paar Augenblicke lang bleibe ich sitzen, meine Extremitäten an die der Eiche geschmiegt, hoch über der Erde, umfangen von Ästen und dem Geräusch der Blätter. Ich spüre, wie sich sanfte Wärme und Ruhe und Frieden in mich stehlen.

13. November

Neben der Kirche bleibe ich stehen, an der vertrauten Stelle vor der Friedhofshecke. Das Sonnenlicht ist warm. Ich stehe da und spreche zu meinem Vater. Eine Misteldrossel fliegt aus dem Süden heran, von dort, wo die Eichen stehen. Ich sehe sie aus der Ferne – ein zügig auf mich zugleitender Vogel mit heller Brust. Und als sie abdreht und über dem Haselbusch neben mir in die Höhe steigt, fliegt sie exakt die gleiche Route, die sie selbst oder eine andere Drossel nahm, als ich vor ein paar Tagen an genau dieser Stelle stand. Und ich weiß, das muss ein Vorzeichen sein.

18. November

Im ganzen Land lodern die Eichen jetzt in herbstlicher Intensität. Als ich am Fuß des Hügels ankomme, ist der Himmel weit offen. Oben auf dem Zweieichenhügel halte ich inne und schaue nach Süden, dorthin, wo sich am fernen Horizont fremdartige Archipele aus Wolkeninseln gebildet haben, die aussehen wie entlegene Kontinente auf einem vergessenen Meer. Ich gehe zur Hirschhorneiche, deren hölzernes Geweih heute noch weiter in den grauen Himmel emporzuragen scheint. Zögernd bleibe ich eine Weile stehen, dann tauche ich unter den spröden Schirm des bronzeroten Laubdachs und berühre die Eiche und klettere wieder empor in den süßen Trost des Baumes. Auf der Erde unter mir liegt eine Lage Laub. Heute bläst der Wind aus Südosten den Hügel herauf, und ich kann mich vor seinem kalten Griff nicht verstecken, also wappne ich mich und sehe der eisigen Luft entgegen, bis meine Nase taub wird.

25. November

Vom Kamm des Zweieichenhügels aus kann ich die Schreie der Bussarde im Süden hören, irgendwo hinter der Pappelreihe, hinter dem Faden aus grauem Rauch, der von einem fernen Feuer aufsteigt. Die Kirchenglocken läuten zwei Mal. Auf dem Hügelgipfel stehend, kann ich sehen, wie ausgedünnt die Eiche im Vergleich zu letzter Woche wirkt; sie sieht jetzt zerlumpt aus, oben kahl und den Winterwinden ausgesetzt.

Ich klettere in die Eiche hinauf und suche Schutz zwischen den Ästen, während der Wind immer grimmiger weht und ringsum Blätter abreißt und ich mich fühle wie auf einem Schiff in stürmischer See; die tief stehende Wintersonne erhellt die Szenerie in strahlender Pracht.

26. November

Spät an diesem kurzen Tag treffe ich bei der Wieseneiche ein. Über mir steht das bronzefarbene Laub in feurigen Flammen und schimmert in der letzten Glut des Tages. Allmählich beruhige ich mich und werde zu einem Teil meiner Umgebung. Ein Rotkehlchen fliegt herbei und flitzt in der Laubschicht herum. Alle paar Schritte verschmilzt sein leuchtender Brustfleck mit einer der Farben der Eichenblätter. Ein Grauhörnchen klettert auf den Ästen der Eiche herum, aufgeregt und nervös, mit ständig zuckendem Schwanz, und bleibt dann geduckt stehen, brüllt und kreischt. Es ist ein wahnwitziges Geräusch, ein Urschrei, der meine Ruhe ins Wanken bringt. Ein paar Augenblicke lang hält das Kreischen an, dann verstummt das Tier, als wäre es nach Hause gerufen worden, huscht über die Äste, schlüpft in den Weißdorn und ist fort.

Ich richte mich wieder in meinem Sitz und in der Stille ein. Kleine Vögel flattern herum, und die letzten Sonnenstrahlen streifen die obersten Äste der Eiche. Ich schaue von unten zu. Wenn man still sitzt und in die Essenz dessen eintaucht, was die Welt ringsum ausmacht, verblasst die eigene Präsenz. Eine Maus taucht als Rascheln im Laub auf, nimmt als grauer Schatten in der Dämmerung Gestalt an und ist schließlich nur noch ein Geräusch, das auf dem Boden in gerader Linie vorbeiläuft, einen Meter vor meinen Füßen.

Die Nacht bricht nicht herein, sondern kriecht heran, sickert ein, während das Licht verblasst. Dunkelheit und Stille nehmen zu. Wolken ziehen vorüber und verdecken das Sternenlicht. Ich sitze unter der Eiche und versuche, einfach zu *sein*. Sanfte Winde schütteln spröde Blätter. Die Vögel des Tages sind alle verstummt. Ich höre kein einziges Lebewesen. Keine Eule ruft. Die Sekunden verstreichen. Nichts geschieht.

In der Eiche ist Bewegung. Etwas fällt klappernd hinab zur Erde. Und als noch mehr Zeit vergeht, kehrt tiefe Ruhe ein. Ich schaue zum Himmel: Die Wolken haben sich verzogen, und das Sternenlicht glimmt wieder – blasse Lichthöfe hinter dem dunklen Schirm der Eiche. In einem fernen Feld bellt ein Fuchs. Eine Brise weht heran und rüttelt trockene Blätter. Weitere Sekunden gehen vorüber. Ich höre die Schritte von Lebewesen, deren Gestalt ich nicht sehen kann. Erneut erhebt sich ein Wind, weckt das Wispern der Eichenblätter. Ich lausche diesen Orakelstimmen. Dann schließe ich die Augen und fühle, wie mich die Dunkelheit umschließt.

30. November

Als ich beim Zweieichenhügel ankomme, ist das Sonnenlicht schon alt. Ein goldener Hauch fällt auf den Hang. Die verbliebenen Eichenblätter sind spröde und metallisch. Die meisten liegen jetzt am Boden, ein bronzefarbener Teppich, der glänzt, wo das Sonnenlicht darauffällt. Ich gehe um die Eiche herum, klettere hinauf in ihr sonnenbeschienenes Herz, setze mich hin und spüre, wie kahl, wie ausgesetzt der Baum jetzt ist, wo nur noch Fragmente des Blätterdachs übrig sind.

Etwas in mir fängt an, sich zu verändern. Etwas an diesen Begegnungen mit Eichen hat mich in einen besseren Menschen verwandelt.

Die Kälte kriecht rasch heran und treibt mich zum Hinunterklettern. Noch ehe die Sonne weg ist, bin ich auf dem Heimweg.

Im schwindenden Licht schlängele ich mich zurück nach Norden, bis ich den Eichenholzrauch des Feuers neben der Kirche rieche; dort bleibe ich eine Weile stehen und staune über die Farbe der Flamme: Sie ist ein perfektes Ebenbild des Farbtons der untergehenden Sonne. Der Tag erstirbt. Dunkellila Dunst erfüllt den Himmel. Als ich den Hügel neben der Kirche hinaufgehe, wird der heilige Eichen-Weihrauchduft immer stärker. Als ich bei der Eiche an der Straße ankomme, fällt ein Habicht vom ausgestreckten Finger eines kahlen Astes. Sein Bronzerücken schimmert in der Sonne, während er nach Süden fliegt. Ich gehe weiter und biege in die Straße ab, in der ich wohne. Ein Reh überquert vor mir den Weg und bleibt neben einer verkümmerten Eiche stehen; dann dreht es sich um, starrt mich aus wenigen Metern Entfernung an und hält diesen Blick ohne Angst, bis es sich umdreht und ins Feld verschwindet.

11. Dezember

Ich sitze neben der Wieseneiche und fühle die Inbrunst des Fanatikers in mir. Meine Seele scheint immer stärker in Verbindung mit dem Geist oder Wesen neben mir zu stehen – was auch immer es sein mag, über das ich sinniere.

Stare sitzen auf den oberen Ästen und schießen dann in einen stahlgrauen Himmel empor. Die Feuer im Westen gehen allmählich aus.

Fasane stoßen den Ruf der Dämmerung aus. Andere stimmen ein. Amseln suchen Obdach. Ich kenne die Muster inzwischen so genau. Es ist der Aufschrei vor der Stille, bevor das Licht ausgeht.

14. Dezember

Heute Nacht ist der Mond eine riesige weiße Scheibe. Ein Kreis aus Licht. Ich beobachte ihn von der Wieseneiche aus. Der Mondschatten spukt über die Wiese und flackert in Fetzen auf den Brombeerblättern unten am Boden und den letzten Eichenblättern um mich herum.

Vorhin habe ich den Mond betrachtet, während er sich am östlichen Horizont erhob. Da war er sogar noch riesiger. Als er erschien, war er mit den sanften Farben von Honigtau überhaucht. Jetzt ist er blasser. Ich werde ihm zusehen, während er am Himmel emporsteigt und sein aschfahler Glanz immer weißer wird.

22. Dezember

Ein Teppich aus gefrorenen Eichenblättern bedeckt den Wiesenboden. Am heutigen Tag der Wintersonnenwende geht die Sonne golden auf. Er ist der Wendepunkt. Das Licht sammelt sich. Sonnenschein sickert wieder in den Tag. Ich kenne die Welt wie nie zuvor. Die Eiche unter mir fühlt sich warm an. Ich spüre ihre Haut an meiner. Mit geschlossenen Augen wende ich mein Gesicht der Wintersonne zu.

—

Als ich Dylan Pym noch einmal besuche, genießt er gerade sein Mittagessen in der warmen, offenen Küche des reetgedeckten Cottages, in dem seine Eltern leben, gleich hinter seiner Werkstatt am Rand von Polstead, dem Dorf in Suffolk. Das Häuschen hat etwas Idyllisches; es schmiegt sich an eine kleine Gasse und ist in einem wunderbar warmen Orangeton gestrichen.

Dylans Sohn Dan ist auch da und arbeitet mit geschickten Fingern daran, eine Zigarette zu rollen; aus der Krempe seiner Wollmütze ragt ein Bleistift. Zusammen mit seinem Freund Carl ist er damit beschäftigt, das hölzerne Rahmenwerk zu bauen, das später einen weiteren Raum hinter Dylans Werkstatt bilden wird. Sie sind gerade mit dem Essen fertig. Im Topf ist noch hausgemachte Kürbissuppe. Ihre Farbe ist eine sanftere Schattierung des köstlich karottigen Ingwertons der Hausfassade.

»Möchten Sie ein wenig?«, bietet Dylans Mutter Paule mir freundlich an.

Ich sage: »Nein, danke«, nehme stattdessen aber gerne einen Tee an und setze mich zu ihnen an den Küchentisch. Dan wirft eine selbst gedrehte Zigarette zu seiner Großmutter hinüber. Sie ist damit beschäftigt, mit Carl über Europapolitik zu diskutieren. Als Carl, Dan und Paule zum Rauchen nach draußen gehen, kommen Dylan und ich wieder auf die Eichen zu sprechen.

Dave Charleston, der hervorragende örtliche Buchhändler, hat mir von einer Eiche in der Nähe erzählt, die Dylan bekanntermaßen besonders gern mag.

»Sie ist ungefähr zwanzig Minuten zu Fuß von hier entfernt«, erklärt Dylan. »Nicht weit. Aber auf einem Landgut, in das man nicht so leicht hineinkommt. Dort gibt es ein paar uralte Eichen und ein paar jüngere – es ist ein ehemaliger Wildpark. Ich habe ihn gefunden, weil ich früher mal Schäfer war. Ich hatte dort Weideland gepachtet, für meine hundertfünfzig Schafe.« Er schweigt.

»Ich war noch ein junger Kerl, na ja, jedenfalls noch keine dreißig. Damals fing ich an, auf die ganzen Bäume zu klettern. Ich fand diese Eiche; keiner kannte sie, bis ich es herumerzählte und die Leute es mitbekamen. Aber dieser Baum … Noch nie war ich so nahe dran, ein Baum zu werden.«

Ich schaue ihn über den Tisch hinweg an. Dylans hellblaue Augen glitzern, während er seine Geschichte erzählt.

»Im Prinzip hat man also diese Schwierigkeit, hinaufzuklettern. Kein riesiger Baum, aber innen total vermodert. Man muss hinaufklettern, und dann kann man einfach ins Innere hinunterspringen.«

Er macht eine Pause.

»Na ja, natürlich gerät man erst mal in Panik, nach dem Motto: ›Wie komme ich hier wieder raus? Wie komme ich hier je wieder raus?!‹«

Er imitiert einen panischen Tonfall.

Ich muss lachen, das Bild von Dylan vor Augen, wie er im Dunkeln steht, im hohlen Stamm seiner Eiche.

»Weil man da unten ganz drinnen ist. Du tauchst richtig in den Baum ein.« Er rutscht auf seinem Stuhl herum und blickt zur Seite, in die Erinnerung versunken. »Und dann, ganz plötzlich, macht alles einfach … piuuu!«

Er lässt sanft die Luft durch seine Lippen entweichen. Sein Gesicht hat eine herrliche Intensität, während er versucht, die emotionale Tiefe jenes Augenblicks zu vermitteln. »Du hast dieses wunderbare Gefühl von: ›Ich bin in dieser zweihundertfünfzig Jahre alten Eiche‹, und dann haut dich diese ganze Energie um. Zack! Und du kannst einfach ewig da drin bleiben.«

»Wow«, sage ich.

»Du siehst oben das Loch über dir.« Dylans Stimme wird langsamer. »Gar nicht so weit weg …« Er schaut hinauf zur Decke der Küche. »Ungefähr wie dieser Balken … Vielleicht dreieinhalb Meter.«

Ich schaue hoch.

»Genau«, ergänze ich. »Du bist komplett dadrin.«

»Ja, du bist mittendrin. Und du fängst an, sie zu spüren … diese Energie.«

Er macht eine Pause und lehnt sich zurück.

Die Hintertür geht auf, und Dan erscheint mit einem Arm voll Feuerholz für den Küchenherd.

»Also fing ich an, Leute zur Eiche mitzunehmen«, fährt Dylan fort. »Leute, die Probleme hatten, irgendwelche psychischen Probleme. Die sich mit ihrem Leben oder etwas in ihrem Leben nicht wohlfühlten. Und viele dieser Leute konnten nicht einmal hochklettern. Das war nicht einfach, weißt du? Und dann gibt es noch den seelischen Kampf um das Hinunterstürzen ins Innere. Wenn man den einmal überwunden hat …«

Manche Menschen hatten es nicht geschafft, über ihren Schatten und in die Eiche zu springen. Andere schon.

»Bei der ganzen Sache ging es darum, auf sich gestellt zu sein. Man musste sich hineinfallen lassen und dort unten ganz allein sein.«

Das ist so ein starkes Bild. Die Art von Verwandlung, die Dylan beschreibt, hat etwas eindeutig Mythologisches. In das Reich der Eiche einzutreten und wieder daraus aufzutauchen, reingewaschen von den vorherigen Übeln.

Dan drückt die Hintertür mit dem Ellbogen auf und kommt mit einem weiteren Armvoll Holz herein.

Mir fällt der Moment ein, in dem mein Büronachbar Chris McCully – weiser und kenntnisreicher Wissender aller möglichen Dinge – gestern an meiner Tür erschien.

»Adonis«, verkündete er entschlossen.

Das war ein Nachtrag zu einem Gespräch, das wir über Eichen und Bäume und Mythologie geführt hatten. Und jetzt fällt mir Adonis wieder ein, Sohn einer Mutter, die in einen Baum verwandelt worden war.

Dylan füllt den Moment der Stille.

»Das ist einfach so ein unglaubliches Gefühl …«

Er macht eine Pause und sucht nach den rechten Worten. »Voller Frieden … voller Ruhe. Keine Sorgen. Keine Angst.«

Das ist schon ziemlich viel, oder?

Frieden. Ruhe.

Immer wieder kehre ich zu diesen beiden Worten zurück, um die Gefühle auszudrücken, die ich empfinde, wenn ich ins Reich der Honywood-Eiche eintrete, wenn ich vor der Wieseneiche sitze oder, noch stärker, wenn ich mich auf dem Ast der Hirschhorneiche niederlasse, oben auf dem Zweieichenhügel. Ruhe und Frieden.

Zu hören, dass dieser Waldkenner vor mir genau die gleichen Wörter verwendet, um seine Gefühle im Inneren dieser Eiche zu beschreiben, ist eine wunderbare Bestätigung. Und ich weiß, dass ich es einfach dabei belassen kann. Wir können vom Küchentisch aufstehen und hinaus zu den anderen gehen. Wir können gleich jenseits der Tür in die herrliche Landschaft von Suffolk treten. Aber Dylan steckt im Feuer der Leidenschaft.

»Ich würde das nicht unbedingt als etwas ›Spirituelles‹ bezeichnen, eher als eine ›Verbindung zur Natur‹«, sagt er. »Das ist es, was ich dabei bekomme. Ich glaube, man sollte den Menschen Wertschätzung dafür vermitteln, dass Bäume eine so mächtige Energie haben. Das ist die spirituelle Seite daran – oder wie man es auch nennen will. Und dann gibt es noch die andere Seite: das Arbeiten mit Holz und die Schönheit von Holz und das Wissen darum, was es kann und was es nicht kann. Es geht um den individuellen Charakter jedes Baumes: Wie man mit ihm arbeiten kann, hängt davon ab, wo er gewachsen ist. Das spürt man. Man spürt es instinktiv.«

Er reibt ein imaginäres Stück Holz zwischen den Händen.

»Vielleicht fühlt man etwas Sprödes, einen Knoten, und hat unbewusst den Eindruck: Der hat ein hartes Leben gehabt – oder was auch immer.«

Paule kommt zurück in die Küche. Ich sehe Dan und Carl zur Werkstatt hinübergehen. Es wird Zeit, dass ich Dylan wieder seiner Holzarbeit überlasse. Aber er hat schon begeistert die nächste Eichengeschichte angefangen.

»Einige der anderen Eichen unten bei der hohlen Eiche sind fantastisch«, erzählt er. »Manche sind mindestens siebenhundert Jahre alt. Ich lasse die Leute einen Baum umarmen, und zwar, indem sie die Arme ausbreiten und einander mit den Fingerspitzen berühren ...« In einer Mischung aus Lachen und Schwärmerei platzt er heraus: »Na ja, ich weiß das natürlich, weil ich es schon so oft gemacht habe, aber ich sage dann: ›Auf geht's! Wie viele kriegen wir drumherum? Kommt alle her! Berührt euch mit den Fingern!‹«

Und ich sehe Dylan und seine Freunde vor mir, mit weit ausgestreckten Armen um die Rinde einer uralten Eiche verteilt – ein Ring aus Menschen, der die Eiche umfängt.

»Das ist eine tolle Sache.«

»Es geht nicht unbedingt darum, den Baum zu umarmen, sondern eher darum, seine Größe zu zeigen, damit die Leute eine Wertschätzung dafür entwickeln, wie riesig dieser Baum ist. Ich meine, wir sind da zu sechst, Finger an Finger.«

Ich fange an zu rechnen.

»Dann ist er achthundert Jahre alt«, sage ich sachkundig. Ich weiß das, weil ich vor einigen Jahren die Honywood-Eiche vermessen habe, allerdings nicht in menschlichen Armspannen. »Neun Meter Umfang entspricht einem Alter von etwa achthundert Jahren.«

Jetzt bin ich derjenige, der begeistert ist.

»Und sobald man so etwas mit einem bestimmten Baum macht, baut man eine Verbindung zu ihm auf.«

Ich stelle mir die Honywood-Eiche vor, umringt von einer Handvoll Kinder, die den Baum umarmen und sich gerade noch mit den Fingerspitzen berühren.

»Ja«, stimmt Dylan zu. »Mir ging es darum, dass *andere* Leute das wahrnehmen, sie dazu zu kriegen, dass sie sich auf dieses Gefühl von Verbundenheit mit der Eiche einlassen.« Er bricht in Gelächter aus. »Ich meine, ich bin ja sowieso da!«

Dylans Worte erfüllen die Küche. Seine hellblauen Augen lachen mit. Er ist zweifellos da.

Wir gehen hinüber zur Werkstatt – über den Weg am anderen Ufer des Baches, der am Häuschen vorbeiläuft und durch ein Holztor auf die lange Weide führt, auf der zwei Dutzend Schafe verstreut sind. Die Szenerie hat etwas köstlich Idyllisches. Wir reden noch für ein paar Minuten über seine Zukunftspläne, dann lasse ich ihn zu seiner Arbeit zurückkehren, zu dringlicheren Angelegenheiten: Achtzig Polstead-Hocker müssen gebaut werden.

Als ich zurück zu meinem Auto gehe, kann ich nicht anders, als leise in mich hineinzulächeln. Da ist ein Mann, der die schlichte Wahrheit dessen versteht, worauf ich hinauswill, und der das Gefühl der Verbundenheit mit einer Eiche ebenso kennt wie den Frieden und die Ruhe, die daraus erwachsen.

Epilog

Reib dir die Nacht aus den Augen. Tritt hinaus in die kalte Dunkelheit. Der Tag ist fast über uns. Duck dich hinter den Wall der Eibenhecke, die sanften Hänge des Tales. Geh über die Brücke, während das Lied des Baches durch den zähen grauen Staub der Nacht klingt. Der Pfad leuchtet blass, erhellt von einem fast vollen Mond. Die Schatten sind klar und kantig. Lausche. Alles ist still. Alles ist ruhig, verstummt in Erwartung des Endes der Nacht.

Am Ufer des Sees steht der Reiher, in stilles Gebet versunken. Alt, gebeugt, stets in einsiedlerischer Ehrfurcht, der einsame Wächter dieser heiligen Stelle, geisterhaft grau verhüllt. In diesem Zwielicht vor der Morgendämmerung wirkt er in seiner eindringlichen Gegenwart wie aus einer anderen Welt.

Das Licht sammelt sich. Die Eiche steht massiv wie Gusseisen in der schwindenden Dunkelheit – eine riesige, breitschultrige Präsenz. Eine Brise bewegt die Blätter, ein Atemhauch, der aus der Dämmerung zu sickern scheint. Ein blökender Hirsch zerreißt die Stille mit einem wilden, diabolischen Schrei. Dann bricht er ab, und das Vakuum füllt sich mit Frieden. Die Amseln flitzen und ticksen am Fuß der Eiche herum. Ihre Stimmen sind sanft und gesittet, voller Verehrung für den Moment, genau wie die der Zaunkönige, die ihre Morserufe tschilpen. Ich sehe zu, wie eine einzelne weiße Feder von oben ins Laub hinunterfällt. Und der Ruf des Hirsches erschüttert die Stille noch einmal.

Die Sonne geht auf. Alles erwacht. Im Osten sind graue Wolken vom sanften Hauch des Tageslichts umrahmt. Eine Krähe flattert und kreiselt in der Luft über dem See. Ich kuschele mich an die Eiche, geschützt vor dem herantreibenden Wind, und spüre die raue, rissige Rinde an meinem Rücken. Ich schließe die Augen und fühle, wie die zarte Berührung des neugeborenen Sonnenlichts die Kälte der Nacht wegwischt. Das flache Licht der Dämmerung flutet über die Eiche und färbt sie golden wie Honig.

Vom Seeufer erhebt sich der Reiher in anmutiger Eleganz. Er wendet, jetzt hell vor dem blauen Himmel, und gleitet am Bachlauf entlang nach Süden.

ANMERKUNGEN

DIE EICHE SEHEN

1 Robert Burton, *The Anatomy of Melancholy*, 6. Aufl., London: B. Blake 1838, S. 245. [*In den – gekürzten – deutschen Ausgaben ist das Zitat nicht enthalten, d. Übers.*]

2 Geoffrey Grigson (Hg.), *A Choice of Thomas Hardy's Poems*, London: Macmillan 1969, S. 56.

3 William Plomer (Hg.), *Kilvert's Diary* 1870–1879*: Selections from the Diary of The Rev. Francis Kilvert*, London: Jonathan Cape 1944, S. 305.

4 *William Cowper‹s ausgewählte Dichtungen*, übersetzt von Wilhelm Borel, Leipzig: Naumann 1870, S. 150.

5 Zu dem komplexen Lebensraum, den alte Eichen bieten, siehe Michael Tyler, *British Oaks: A Concise Guide*, Marlborough: The Crowood Press 2008, S. 46.

6 Grahame Clark, *Prehistoric Europe: The Economic Basis*, London: Methuen 1952, S. 60.

7 Siehe William Bryant Logan, *Oak: The Frame of Civilization*, New York: W. W. Norton 2005, S. 46 f.

8 Henry David Thoreau, *Tagebuch I*, dt. von Rainer G. Schmidt, Berlin: Matthes & Seitz 2016, S. 267.

9 John Aubrey, *Remaines of Gentilisme and Judaisme,* 1686–87, hg. von James Britten, London: W. Satchell, Peyton, and Co. 1881, S. 247. Zitiert nach: James Frazer, *Der goldene Zweig*, aus dem Englischen von Helen von Bauer, Reinbek: Rowohlt 1989, S. 164.

10 Dante Alighieri, *Dante's Göttliche Comödie,* Teil I, »Hölle«, 13. Gesang, übersetzt von Otto Gildemeister, Berlin: Verlag von Wilhelm Hertz 1888, S. 90.

11 Logan, *Oak,* a. a. O., S. 26 f.

12 Homer, *Odyssee*, 14. Gesang, dt. von Johann Heinrich Voß, München: Goldmann 1960, S. 163.

13 Logan, *Oak*, a. a. O., S. 86 und 97.

DIE EICHE VERSTEHEN

1 Plinius d. Ä., *Naturgeschichte*, Bd. 1, übersetzt von Johann Daniel Denso, Rostock und Greifswald: Rösen 1764, S. 676.

2 Ebd.

3 Frazer, *Der goldene Zweig*, a. a. O., S. 956.

4 Frazer, *Der goldene Zweig*, a. a. O., S. 208 f.

5 Robert von Ranke-Graves, *Die Weiße Göttin*, deutsch von Thomas Lindquist, 6. Aufl., Reinbek: Rowohlt 1999, S. 354.

6 John Milton, »L'Allegro«, in: ders., *Das verlorene Paradies. Werke*, deutsch von Alexander Schmidt, Frankfurt: Zweitausendeins 2008, S. 839.

7 John Claudius Loudon, *Arboretum et Fruticetum Britannicum, or The Trees and Shrubs of Britain*, Bd. 3, London: Bohn 1854, S. 1752.

8 Ebd.

9 Kathleen Basford, *The Green Man*, Ipswich: D. S. Brewer 1978, S. 9.

10 Ralph of Coggeshall, *Chronicon Anglicanum*, London: Longman 1875, S. 118.

11 Peter Young, *Oak*, London: Reaktion 2012, S. 117.

12 John Keats, *Werke und Briefe*, ausgewählt und übertragen von Mirko Bonné, Stuttgart: Reclam 2008, S. 109.

13 Thomas Keightley, *The Fairy Mythology, illustrative of the romance and superstition of various countries*, London: Bohn 1870, S. 290 f.

14 Zu Puck als Robin Goodfellow siehe Peter Holland, »Introduction«, in: William Shakespeare, *Midsummer Night's Dream*, Oxford: Oxford University Press 1994, S. 35–49.

15 Rudyard Kipling, *Puck vom Buchsberg*, aus dem Englischen von Ernst Hardt, Frankfurt a. M.: Fischer 1987, S. 12.

16 Elsie Innes, *The Elfin Oak of Kensington Gardens*, London: Frederick Warne 1930, o. S.

17 D. H. Lawrence, »Under the Oak«, in: ders., *New Poems*, London: Martin Secker 1918, S. 21.

18 Von Ranke-Graves, *Die Weiße Göttin*, a. a. O., S. 354.

19 William Shakespeare, *Wie es euch gefällt*, deutsch von A. W. von Schlegel, in: *Shakespeares Werke*, Bd. 7, Leipzig: Hesse & Becker o. J., S. 146.

20 Thomas Hardy: *Selected short stories and poems*, London: Everyman 1993, S. 143.

21 Michael Tyler, *British Oaks: A Concise Guide*, Marlborough: The Crowood Press 2008, S. 92.

22 Jacob George Strutt, *Sylva Britannica; or Portraits of Forest Trees, distinguished for their antiquity, magnitude or beauty*, London: A. J. Valpy 1822, S. 1.

23 Strutt, *Sylva Britannica*, a. a. O., S. 2.

24 Strutt, *Sylva Britannica*, a. a. O., S. 10.

25 William Gilpin, *Remarks on Forest Scenery and Other Woodland Views*, Bd. 1, London: R. Blamire 1791, S. 27.

26 Joseph Taylor, *Arbores Mirabiles: or a description of the most remarkable trees, plants and shrubs, in all parts of the world*, London: W. Darton 1812, S. 106.

27 Taylor, *Arbores Mirabiles*, a. a. O., S. 108.

28 Young, *Oak* , a. a. O., S. 70 und 72.

29 Gilbert White, *Gilbert White's Journals*, Newton Abbot: David & Charles 1970, S. 261.

30 Tyler, *British Oaks*, a. a. O., S. 182.

31 Louis MacNeice, *Collected Poems*, London: Faber 2007, S. 272.

32 John Clare, *Poems Descriptive of Rural Life and Scenery*, London: Taylor and Hessey 1820, S. 208.

33 Robert Anderson (Hg.), *The Works of the British Poets*, Bd. 6, London: J. & A. Arch 1795, S. 242.

34 J. C. Shenstone, »The Oak Tree in Essex«, in: *The Essex Naturalist* VIII (1894), S. 92.

35 W. H. Davies, *Collected Poems*, London: Jonathan Cape 1943, S. 174.

36 W. H. Davies, »Leisure / Muße«, in: *Englischsprachige Lyrik aus vier Jahrhunderten*, Teil I, ausgewählt und übertragen von Gerhard Weidmann, Aachen: Rimbaud 2013, S. 44 f.

37 John Fowles, *The Tree*, St. Albans: The Sumach Press 1992, S. 31.

38 Thomas Hardy, *Am grünen Rand der Welt*, aus dem Englischen von Peter Marginter, München: dtv 2015, S. 17 f.

39 Edmund Spenser, *The Shepheardes Calender* (1579), zitiert in: John Claudius Loudon, *Arboretum et Fruticetum Britannicum, or The Trees and Shrubs of Britain*, Bd. 3, London: Bohn 1854, S. 1785.

40 Vergil, *Die Gedichte des P. Virgilius Maro*, übersetzt von C. U. von Osiander, Stuttgart: Metzler 1853, S. 47.

MIT EICHEN LEBEN

1 Martin Buber, *Ich und Du*, Ditzingen: Reclam 1995, S. 8 f.

2 Gary Snyder, »Kitkitdizze: A Node in the Net«, in: ders., *A Place in Space: Ethics, Aesthetics and Watersheds*, Washington, D. C.: Counterpoint 1995, S. 263.

3 Ralph of Coggeshall, *Chronicon Anglicanum*, zitiert in: Thomas Keightley, *The Fairy Mythology*, London: Bohn 1870, S. 281 f.

4 Ebd.

5 Daniel Defoe, *Mere Nature Delineated: Or, a Body without a Soul: Being Ob servations upon the Young Forester lately brought to town from Germany*, London: T. Warner 1726, S. 5 und 16.

6 Henry Wilson, *Wonderful Characters*, Bd. II, London: Robins 1821, S. 152–160.

7 Henry David Thoreau, *Tagebuch IV*, aus dem amerikanischen Englisch von Rainer G. Schmidt, Berlin: Matthes & Seitz 2019, S. 308.

8 Virginia Woolf, *Orlando*, aus dem Englischen von Herberth E. und Marlys Herlitschka, Frankfurt a. M.: Fischer 1987, S. 11.

9 Woolf, *Orlando*, a. a. O., S. 12 f.

10 Siehe Italo Calvino, *Der Baron auf den Bäumen*, übertragen von Oswalt von Nostitz, Frankfurt a. M.: Fischer 1960.

11 Hardy, *Am grünen Rand der Welt*, a. a. O., S. 48.

12 Hier und im Folgenden: Leo Tolstoi, *Krieg und Frieden*, Bd. 2, deutsch von Hermann Röhl, Leipzig: Insel Verlag 1922, S. 238–245.

13 Stephen Taylor, *Oak: One Tree, Three Years, Fifty Paintings*, New York: Princeton Architectural Press 2012, S. 56. Zitat aus: T. S. Eliot, »Burnt Norton«, in: ders., *Vier Quartette / Four Quartets*, übertragen und mit einem Nachwort versehen von Norbert Hummelt, Berlin: Suhrkamp 2015, S. 13.

14 T. S. Eliot, »Burnt Norton«, a. a. O., S. 9.

15 William Shakespeare, *Die lustigen Weiber von Windsor*, dt. von Wolf Graf Baudissin, in: *Shakespeares Werke*, Bd. 6, Leipzig: Hesse & Becker o. J., S. 211.

16 Q. Li u. a., »Effect of phytoncide from trees on human natural killer cell function«, in: *International Journal of Immunopathology and Pharmacology* 22, 4 (2009), S. 951–959.

17 Siehe www.monicagagliano.com.

18 J. R. R. Tolkien, *Der Herr der Ringe*, aus dem Englischen von Margaret Carroux und Ebba-Margareta von Freymann, 5. Aufl., Stuttgart: Klett-Cotta 1995, S. 182.

19 Monica Gagliano, »The mind of plants: Thinking the unthinkable«, in: *Communicative & Integrative Biology* 10, 2 (2017).

20 Paco Calvo, »The philosophy of plant neurobiology: a manifesto«, in: *Synthese* 193 (2016), S. 1323 ff.

21 Suzanne Simard, »Note from a Forest Scientist«, in: Peter Wohlleben, *The Hidden Life of Trees*, Vancouver: Greystone Books 2016, S. 249. *[In der deutschen Ausgabe von* Das geheime Leben der Bäume *nicht enthalten, d. Übers.]*

22 Stuart Piggott, *The Druids*, London: Thames and Hudson 1968, S. 15 f.